ABHANDLUNGEN DER DEUTSCHEN AKADEMIE
DER WISSENSCHAFTEN ZU BERLIN

Klasse für Mathematik, Physik und Technik
Jahrgang 1960 Nr. 9

WERNER POHLENZ

DIE DREHZAHLREGELUNG DER KRAFTMASCHINEN

MITTEILUNG DER SEKTION FÜR MASCHINENBAU

Mit 21 Abbildungen

AKADEMIE-VERLAG · BERLIN
1960

Vorgelegt von Herrn Jante in der Klassensitzung vom 16. Juni 1960
Zum Druck genehmigt am gleichen Tage, ausgegeben am 15. Dezember 1960

Erschienen im Akademie-Verlag GmbH, Berlin W 8, Leipziger Straße 3—4
Lizenz-Nr. 202·100/781/60

Gesamtherstellung: VEB Druckerei „Thomas Müntzer" Bad Langensalza
Bestellnummer: 2001/60/I/9
Preis: DM 5,60
Printed in Germany
ES 20 H 3

Die Drehzahlregelung der Kraftmaschinen

Wenn ich Ihnen heute eine kurze Einführung in das Gebiet der Drehzahlregelung der Kraftmaschinen gebe, so möchte ich gleich betonen, daß es sich bei der Drehzahlregelung um ein Gebiet handelt, das älter als der Wärmekraftmaschinenbau ist. WATT übernahm bei seiner 1784 gebauten Dampfmaschine die Konstruktion des Drehzahlreglers aus dem Mühlenbau. Auch die Theorie, mindestens für lineare Systeme, wurde im wesentlichen bereits im vorigen Jahrhundert geschaffen. E. J. ROUTH (sprich Raut) gab 1877 allgemein gültige Stabilitätsbedingungen für das dynamische Verhalten der Regler an, die allerdings erst durch die Veröffentlichung von HURWITZ in den mathematischen Annalen 1895 bekannt wurden. Für Kraftmaschinen mit Reglern, deren dynamisches Verhalten durch eine lineare homogene Differentialgleichung 3. Ordnung mit konstanten Koeffizienten beschrieben werden kann, — eine Näherung, die in einfachen Fällen auch heute noch brauchbar ist, — entwarf J. WISCHNEGRADSKI 1877 ein Stabilitätsdiagramm, das leider in Vergessenheit geriet und erst 1943 von W. OPPELT durch Kurven für konstanten Dämpfungsgrad D und 1950 von H. STEFANIAK durch Kurven für konstante bezogene Abklingkonstante der e-Funktion bzw. der Schwingung und konstante bezogene Kreisfrequenz erweitert wurde. Mit diesem Diagramm läßt sich in einfachster Weise das dynamische Verhalten der Kraftmaschinen-Drehzahlregler angeben, wenn die von den Anfangsbedingungen abhängigen Konstanten ermittelt sind. Seit Beginn dieses Jahrhunderts beschäftigt man sich in der Kraftmaschinenregelung auch intensiver mit dem Einfluß von Nichtlinearitäten — z. B. der COULOMBschen Reibung — auf das dynamische Verhalten und entsprechende Ausführungen finden sich z. B. in dem letztmals in 3. Auflage 1921 erschienenen Werk von M. TOLLE „Regelung der Kraftmaschinen". An sich bekannte grafische Verfahren zur Lösung von Differentialgleichungen wurden meines Wissens erstmals in der von O. MARTIN von der TH Dresden 1939 genehmigten Dissertation „Grafische Regelungs-Dynamik" zur Ermittlung des dynamischen Verhaltens von Kraftmaschinenreglern verwendet. Diese grafischen Verfahren sind vor allem in der UdSSR weiter entwickelt worden, weil sie anschaulich sind und die Berücksichtigung von Nichtlinearitäten besonders einfach ermöglichen. Obgleich also im Schrifttum auf die Wichtigkeit der dynamischen Berechnung seit langem hingewiesen und dazu geeignete rechnerische und grafische Methoden ausgearbeitet wurden, hat man in der Praxis bis vor kurzem die Drehzahlregler fast aller Kraftmaschinen meist nur statisch ausgelegt. Erst in allerletzter Zeit setzt sich in den in Betracht kommenden Zentralen Entwicklungs- und Konstruktionsbüros der DDR die Erkenntnis durch, daß bereits beim Entwurf einer neuen Kraftmaschine und ihres Drehzahlreglers das dynamische Verhalten des Systems ermittelt werden muß, um später vor unangenehmen Rückschlägen gesichert zu sein. Als dem Weltstand der Technik keineswegs entsprechend, aber noch verhältnismäßig harmlos, ist der bei manchen — in größerer Stückzahl gebauten — Dieselmotorenreglern aufgetretene Fall zu erwähnen, bei dem beim Probelauf oder z. T. sogar erst beim Betreiber für jeden einzelnen Motor durch Pröbeleien mit verschiedenen Reglerfedern ein gerade noch ausreichendes dynamisches Verhalten erreicht werden konnte. Warum hat die Praxis die von der Theorie gebotenen Erkenntnisse nicht eher genutzt?

Zunächst bestand, solange sich an den statisch ausgelegten Reglern keine Schwierigkeiten ergaben, für die Praxis keine unbedingte Notwendigkeit, sich mit der dynamischen Berechnung zu beschäftigen. Wenn Schwierigkeiten auftraten, so griff man zu dem schon erwähnten Buch von Tolle und erweiterte die Theorie, bis man ein Berechnungsverfahren hatte, bei dem — meist mit empirisch gefundenen Zuschlägen — eine für den Spezialfall brauchbare Übereinstimmung mit Meßergebnissen und die Möglichkeit der Vorausberechnung erreicht war. So entstanden bei der Weiterentwicklung der Regelungstheorie verschiedener Kraftmaschinen für oft gleiche Begriffe verschiedene Worte und — was noch viel verhängnisvoller war — völlig verschiedene Begriffe wurden mit dem gleichen Wort bezeichnet. Dieser Zustand führte dazu, daß Veröffentlichungen über die Regelung einer Kraftmaschinenart selbst für den Ingenieur, der sich mit der Regelung einer anderen Kraftmaschinenart beschäftigte, zu ihrer Durcharbeitung untragbar viel Zeit erforderten, und diese daher unterblieb. In verstärktem Maße galt das natürlich bei Veröffentlichungen über Regler für andere Verwendungszwecke. Deshalb wurde 1940 ein Fachausschuß des VDI für Regelungstechnik unter der Leitung von Professor Hermann Schmidt gegründet, um zunächst eine gemeinsame Sprache als notwendiges Verständigungsmittel zu schaffen. 1944 konnte der Fachausschuß die Schrift „Regelungstechnik, Begriffe und Bezeichnungen" herausgeben, die als Vorbild für das vom Deutschen Normenausschuß im Januar 1954 herausgegebene Normblatt DIN 19226 „Regelungstechnik, Benennungen, Begriffe" diente. Damit war wenigstens für die wichtigsten allgemeinen Begriffe eine Verständigungsmöglichkeit im deutsch-sprachigen Schrifttum geschaffen worden, und es zeigte sich nun ganz deutlich, daß bei den verschiedensten Anwendungsgebieten der Regelungstechnik im Maschinenbau und der Elektrotechnik vielfach gleiche oder ähnliche Aufgaben zu lösen sind. Mit den statischen und dynamischen Erscheinungen, die beim Ablauf der Regelvorgänge auftreten, beschäftigt man sich in der „Regelungslehre", während der gerätetechnische Aufbau der einzelnen Regler als zweites Hauptgebiet der Regelungstechnik anzusehen ist. Wie vielfältig die gestellten Aufgaben sind, ergibt sich z. B. daraus, daß die westdeutsche VDI/VDE Fachgruppe Regelungstechnik 17 Ausschüsse gebildet hat, einer davon beschäftigt sich mit der Regelung von Kraftmaschinen. Entsprechend der Bedeutung, die in den letzten Jahren die Regelungstechnik erlangt hat, erscheint seit 1953 in Westdeutschland die Zeitschrift „Regelungstechnik" und seit 1958 bei uns die Zeitschrift „Automatisierung", die allerdings — wie schon aus dem Titel hervorgeht — vorwiegend die Belange der Steuerungstechnik vertritt. Auch die internationale Zusammenarbeit wurde auf der von der VDI/VDE Fachgruppe Regelungstechnik 1956 in Heidelberg veranstalteten Tagung „Moderne Theorien und ihre Verwendbarkeit" eingeleitet und führte zur Gründung der JFAC (International Federation of Automatic Control), die vom 27. 6. bis 7.7. ds. J. in Moskau ihren ersten internationalen Kongreß veranstaltet.

Ich erwähnte schon die im Normblatt DIN 19226 festgelegte Sprache der Regelungstechniker, mit der ich Sie nun bekannt machen möchte. Aus Abb. 1 können Sie entnehmen, wie der Regelungstechniker z. B. eine drehzahlgeregelte Dampfturbinenanlage sieht. Um die tatsächliche räumliche Lage und die Größe und Zahl der einzelnen Bauteile kümmert er sich zunächst wenig, für ihn besteht die Anlage aus dem „Regler" und der „Regelstrecke". Dabei ist der Regler die gesamte Einrichtung, die den Regelungsvorgang an der Regelstrecke bewirkt und die Regelstrecke der Bereich der Anlage, in dem eine Größe — in unserem Falle die Drehzahl, der Regelungstechniker nennt sie stets Regelgröße und be-

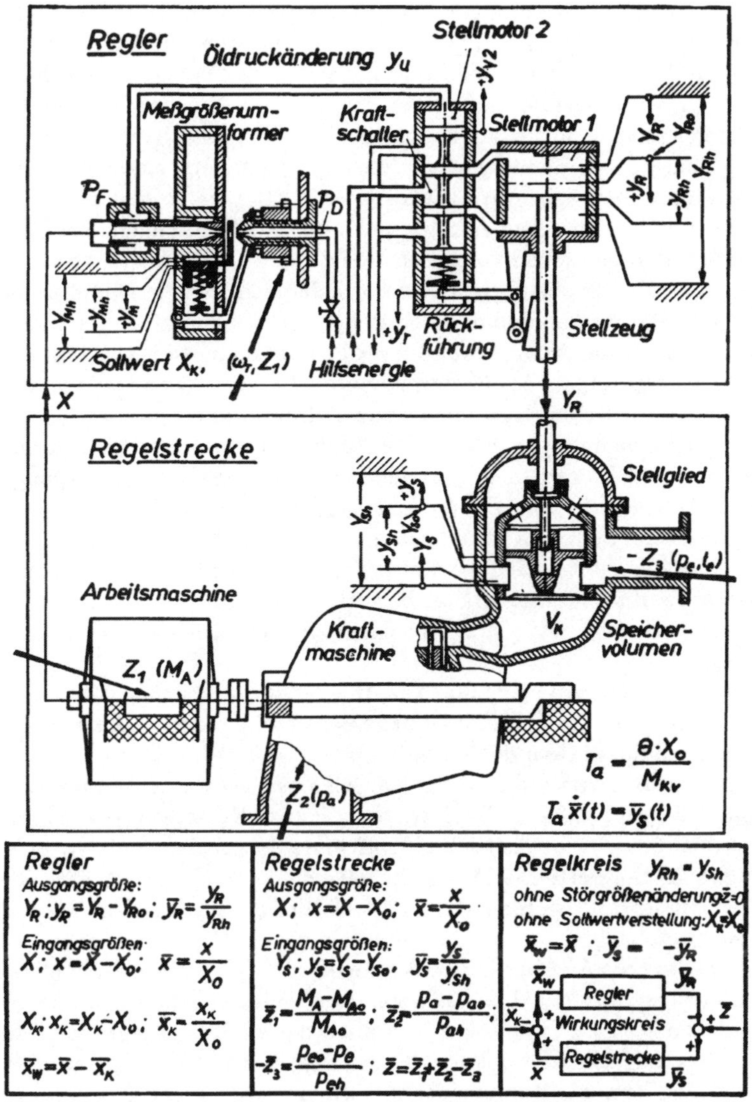

Abb. 1. Drehzahlregelkreis mit einer Dampfturbine

zeichnet sie mit X — durch den Regler innerhalb bestimmter Grenzwerte konstant gehalten wird. Aus der Abbildung erkennen Sie bereits, daß zur Regelstrecke nicht nur die Kraftmaschine gehört, sondern auch die durch sie angetriebene Arbeitsmaschine, der Propeller, der Generator und unter Umständen sogar das gesamte elektrische Versorgungsnetz mit allen angeschlossenen Elektromotoren. Wenn äußere Einflüsse auf die Regelstrecke wirken — für den Regelungsvorgang sind es Störgrößen, die mit Z bezeichnet werden — und sich dadurch die Regelgröße X ändert, so muß der Regler eingreifen und ein oder mehrere Zudampfventile der Turbine, der Turbinenbauer spricht von Regelventilen, der Regelungstechniker vom Stellglied der Regelstrecke, dessen Lage er vom geschlossenen Zustand aus durch Y_S kennzeichnet — solange verstellen, bis entweder ein neuer Beharrungszustand erreicht ist, bei dem die Regelgröße X wieder im vorgesehenen Bereich liegt, oder sich das

Stellglied in einer Endlage des Stellbereiches Y_{Sh} befindet, d. h. alle Regelventile ganz geschlossen oder voll geöffnet sind. Y_S und Y_{Sh} haben stets die Dimension einer Länge. Alle im Kraftmaschinenbau verwendeten Stellglieder, ob Ventile, Drosselklappen, Düsennadeln, verdrehbare Leitschaufeln oder Zahnstangen von Einspritzpumpen können innerhalb des Stellbereiches Y_{Sh} auf jeden beliebigen Wert eingestellt und dadurch auf den für die Beharrung richtigen gebracht werden. Man spricht daher von einem stetigen Einstellvorgang. Diese Einstellung des Stellgliedes kann statt vom Regler auch vom Menschen selbst vorgenommen werden, denken Sie nur an die Kraftfahrzeugmotoren. Die Aufgabe des Reglers ist es, den Menschen von mechanisierbaren Denkvorgängen zu entlasten.

Die Einteilung in Regler und Regelstrecke wurde getroffen, weil häufig die Regler von Spezialfirmen gefertigt werden und dieselbe Reglerkonstruktion für verschiedene Bauarten und -größen einer Kraftmaschine verwendet wird. Außerdem ist es zur dynamischen Untersuchung des Regelungsvorganges ohnehin zweckmäßig, die Gesamtanlage in Einzelglieder aufzulösen, deren Verhalten sich einfacher ermitteln und angeben läßt.

Jedes Einzelglied wird im sogenannten „Blockschaltbild" als Rechteck dargestellt. Durch eine Linie mit einem Pfeil werden sowohl die dem Glied zugeführten Eingangsgrößen bzw. -informationen als auch die vom Glied weitergegebene Ausgangsgröße bzw. -information angegeben. Alle durch derartige Rechtecke dargestellten Einzelglieder sollen „gerichtete Glieder" sein, d. h. die Information wird nur von den Eingangsgrößen zur Ausgangsgröße weitergeleitet, aber die Ausgangsgröße beeinflußt die Eingangsgrößen nicht nennenswert. Außerdem wird einer *steigenden* Eingangsgröße stets eine *steigende* Ausgangsgröße zugeordnet.

Im Blockschaltbild kommt klar zum Ausdruck, daß es sich bei jeder Regelung — im Gegensatz zu einem Steuerungsvorgang — um einen geschlossenen Wirkungsablauf handelt, der ein schwingungsfähiges Gebilde darstellt.

Beginnen wir mit dem Istwert X der Regelgröße. Er ist die Ausgangsgröße der Regelstrecke und eine Eingangsgröße des Reglers. Seine zweite Eingangsgröße ist der Sollwert X_K der Regelgröße, der bei allen neuzeitlichen Kraftmaschinenreglern im Betrieb der Maschine durch Bedienung des Sollwerteinstellers zwischen einem oberen und unteren Grenzwert X_{Ko} und X_{Ku} beliebig eingestellt werden kann. Als Gesamteingangsgröße in den Regler ergibt sich die Regelabweichung x_w, d. h. die Abweichung des Istwertes vom Sollwert $x_w = (X - X_K)$. Sie bedingt die Ausgangsgröße des Reglers, den Y_R-Wert des Stellzeuges, der zugleich eine Eingangsgröße der Regelstrecke ist. Weiter wirken auf die Strecke noch mehrere Störgrößen Z_1, Z_2, Z_3 usw. ein. Von allen diesen Eingangsgrößen hängt der Ausgangswert der Regelstrecke, der Istwert X der Regelgröße ab, mit dem wir unsere Betrachtung begonnen hatten. Man spricht von einem geschlossenen einläufigen oder einschleifigen Regelkreis, der nur *einen* Regler enthält (Abb. 1). Soll z. B. bei einer Entnahmeturbine außer der Drehzahl auch der Entnahmedruck sebsttätig imnnerhalb vorgeschriebener Grenzwerte konstant gehalten werden, so benötigt man 2 Regler mit unabhängig voneinander wählbaren Sollwerten, die je ein Stellglied der Regelstrecke einstellen. Da aber durch jedes dieser beiden Stellglieder *beide* Regelgrößen beeinflußt werden und die gleiche Regelstrecke sich in bezug auf die beiden Regelgrößen auch verschieden verhält, so besteht das Blockschaltbild in diesem Falle aus zwei einläufigen Regelkreisen, die durch 2 Koppelglieder miteinander verbunden sind. Für die Zweifachregelung gelten nicht alle für den einläufigen Regelkreis angegebenen Beziehungen, auf den wir uns im folgenden beschränken wollen.

Die Drehzahlregelung der Kraftmaschinen ist eine „Festwertregelung", denn nach DIN 19 226 bezeichnet man jede Regelung so, bei der der Sollwert X_K fest eingestellt wird, auch wenn er durch Bedienung des Sollwerteinstellers geändert werden kann. Von einer

„Folgeregelung" spricht man nur, wenn der Sollwert X_K dem Wert einer veränderlichen, aber von der Regelung *nicht* beeinflußten Führungsgröße W folgt, die zweckmäßig in derselben Maßeinheit wie die Regelgröße X angegeben wird.

Bei der dynamischen Behandlung der Regelungsvorgänge interessieren die absoluten Werte der einzelnen Größen weniger als die Abweichungen von ihrem Bezugswert, für den bei allen Kraftmaschinenregelungen die Auslegungswerte bei Vollast verwendet und durch den Fußzeiger null gekennzeichnet werden sollen. Diese Abweichungen sind meist verhältnismäßig klein und werden deshalb mit kleinen Buchstaben bezeichnet, z. B. als Abweichung der Regelgröße vom Bezugswert $x = X - X_0$; Abweichung des Sollwertes vom Bezugswert $x_K = X_K - X_0$; Abweichung der Lage des Stellzeuges des Reglers von der Bezugslage $y_R = Y_R - Y_{Ro}$; Abweichung der Lage der Stellgröße der Strecke von der Bezugslage $y_S = Y_S - Y_{So}$; Abweichung einer Störgröße vom Bezugswert $z_1 = Z_1 - Z_{10}$ usw. Ferner benutzt man schon seit dem vorigen Jahrhundert keine dimensionsbehafteten, sondern ausschließlich bezogene Größen. Nach DIN 19 226 sollen die in Einheiten der Stell- oder Störgrößen gemessenen Werte auf den gesamten Stell- oder Störbereich Y_{Rh} bzw. Y_{Sh} oder Z_{1h} bezogen werden. Es ist jedoch bei Kraftmaschinen zweckmäßiger, die Stellgrößen nur auf den kleineren Bereich y_{Rh} bzw. y_{Sh} zwischen der Vollast- und Leerlauflage des Stellzeuges bzw. Stellgliedes zu beziehen. In der Leerlauflage entnimmt die Arbeitsmaschine kein Drehmoment; M_A ist null. Die in Einheiten der Regelgröße gemessenen Werte werden im folgenden stets auf den Auslegungswert der Kraftmaschine bei Vollast X_0 bezogen, man könnte sie nach DIN 19 226 auch auf die eingestellte Vollastdrehzahl X_K des Reglers beziehen, doch wird dann die Behandlung des Einflusses einer Sollwertverstellung auf den dynamischen Regelvorgang etwas umständlicher. Im Schrifttum wird leider als Bezugswert auch noch häufig der arithmetische Mittelwert zwischen der eingestellten Vollast- und der entsprechenden Leerlaufdrehzahl verwendet. Man muß deshalb stets genau angeben, auf welchen Wert sich dimensionslose Regelgrößen beziehen. Während das Normblatt in der Bezeichnung zwischen dimensionsbehafteten und dimensionslosen Größen nicht unterscheidet, werden im folgenden die bezogenen Größen durch Überstreichen gekennzeichnet, z. B.

$$\bar{x} = x/X_0; \quad \bar{x}_K = x_K/X_0; \quad \bar{y}_R = \frac{y_R}{y_{Rh}}; \quad \bar{y}_S = y_S/y_{Sh}.$$

Dadurch läßt sich eindeutig angeben, daß z. B. im Blockschaltbild (Abb. 1) nur bezogene Größen verwendet sind. Jede Zusammenfügung von zwei Informationen, die *in* einem Regelkreisglied erfolgt, wird im Blockschaltbild außerhalb des zur Darstellung dieses Gliedes benutzten Rechteckes durch einen Nullkreis auf den mit Pfeilen versehenen Linien hervorgehoben, wobei die einzusetzenden Vorzeichen angegeben werden. Die Regelabweichung $\bar{x}_w$ als Gesamteingangsgröße des Reglers ist z. B. $\bar{x}_w = \bar{x} - \bar{x}_K$.

Für den Sollwert $X_K = X_0$ wird $\bar{x}_K = 0$ und damit die Regelabweichung $\bar{x}_w$ nicht nur bei jedem Beharrungszustand, sondern auch bei allen dynamischen Regelungsvorgängen $\bar{x}_w = \bar{x}$. Für beliebig eingestellte Sollwerte X_K ist bei allen Reglern im Beharrungszustand bei Vollast $\bar{y}_R = 0$; $\bar{y}_S = 0$; $\bar{x} = \bar{x}_K$ und die bleibende Regelabweichung $\bar{x}_{wb} = 0$.

Für viele Anwendungsgebiete, insbesondere für alle Kraftmaschinen, die auf ein elektrisches Verbundnetz arbeiten, genügt eine Sollwertverstellung von insgesamt 10%. Bei 50 Hertz Netzfrequenz legt man den Regler so aus, daß bei Vollast Werte zwischen 46 und 51 Hertz im Betrieb eingestellt werden können. Diese Sollwertverstellung ist nötig, weil zunächst die Kraftmaschine mit Generator im Leerlauf hochgefahren wird, bis die vorhandene Netzfrequenz erreicht ist. Bei Gleichheit von Frequenz und Phase wird die Anlage zum Netz geschaltet und läuft synchron, d. h. die Drehzahl wird durch die Netzfrequenz aufgezwungen. Nur durch entsprechende Sollwertverstellung des Reglers läßt sich die Kraftmaschine belasten. Man benötigt diese Sollwertverstellung auch, um bei Parallelbetrieb mehrerer Turbinen auf ein Netz die Last zweckmäßig verteilen zu können. Nur beim Ausfall der Netzspannung wirkt der Regler als Drehzahlregler. Bei Dampfturbinen für Generatorantrieb wählt man als Bezugswert X_0 zweckmäßig 3000 U/min; bei 51 Hertz ist der Sollwert 3060 U/min, d. h. die Abweichung vom Bezugswert $x_K = X_K - X_0 = 60$ U/min, dimensionslos $\bar{x}_K = 60/3000 = 0{,}02$. Bei 46 Hertz beträgt der Sollwert $X_K = 2760$ U/min, d. h. die Abweichung vom Bezugswert $x_K = -240$ U/min, dimensionslos $\bar{x}_K = (X_K - X_0)/X_0 = -240/3000 = -0{,}08$. Bei Vollast wird in diesem Falle im Beharrungszustand die dimensionslose Abweichung der Regelgröße von ihrem Bezugswert $\bar{x} = \frac{X_K - X_0}{X_0} = \frac{-240}{3000} = -0{,}08$, so daß die bleibende Regelabweichung $\bar{x}_{wb} = \bar{x} - \bar{x}_K = 0$ ist.

Bei manchen Anwendungsgebieten der Kraftmaschinen — insbesondere der Dieselmotoren — benötigt man dagegen Regler mit sehr großer Sollwertverstellung im Verhältnis 1/5 · · · 1/10. Bei diesem großen Verstellbereich ist dann die Lage des Stellgliedes bei Vollast und im Leerlauf nicht mehr im ganzen Sollwertbereich X_{Ko} bis X_{Ku} gleich. Einen derartigen „Verstellregler" für Dieselmotoren werde ich später etwas eingehender besprechen.

Wird der Beharrungszustand bei Vollast ($\bar{x}_{wb} = 0$) gestört, z. B. durch Verstellen des Sollwertes oder Ändern der Belastung, so ergibt sich eine Regelabweichung $\bar{x}_w$ ungleich null. Dadurch stellt die Stelleinrichtung am Ausgang des Reglers $\bar{y}_R$ einen Wert ungleich null ein; bei $\bar{x}_w > 0$ muß auch $\bar{y}_R > 0$ sein. Etwa 90% aller zur Zeit verwendeten Regler sind proportional wirkende oder P-Regler, die man früher als statische Regler oder Regler mit Stellungszuordnung bezeichnete. Im Kraftmaschinenbau ist ihr prozentualer Anteil vielleicht noch größer. Im Beharrungszustand ist beim idealen P-Regler, der weder Reibung noch Lose besitzt, nach Abb. 2 innerhalb des Stellbereiches Y_{Rh} jedem Istwert der Regelgröße X ein anderer Wert Y_R des Stellzeuges zugeordnet. Daher wird der eingestellte Sollwert X_K nur bei der Bezugslage Y_{Ro} (Vollast) eingehalten, während sich für jeden anderen Y_R-Wert eine bleibende Abweichung der Regelgröße vom Sollwert ergibt, die man P-Abweichung (früher Statik) nennt.

Nach DIN 19 226 bezeichnet man als Proportionalbereich X_P des P-Reglers den Bereich, um den sich die Regelgröße X ändern muß, damit sich Y_R über den gesamten Stellbereich Y_{Rh} ändert. Dieser gesamte Stellbereich Y_{Rh} kann aber nicht ausgenutzt werden, weil die Auslegung so erfolgen muß, daß auch bei Herstellungs- und Montageungenauigkeiten bzw. verschiedener Wärmedehnung der einzelnen Bauteile z. B. alle Regelventile sicher vollständig geschlossen und bis zum vorgesehenen Maximalhub geöffnet werden. Sehr häufig ist das Stellzeug des Reglers unmittelbar mit dem Stellglied der Regelstrecke zusammengebaut, dann muß $Y_{Rh} > Y_{Sh}$ sein und die für Y_{Rh} vorgesehenen Anschläge werden auch bei dynamischen Regelungsvorgängen nie erreicht, weil dies die Anschläge für Y_{Sh} verhindern. Es ist deshalb bei Kraftmaschinenreglern zweckmäßiger, auch den P-Bereich x_P nur auf den kleineren Stellbereich y_h zwischen Vollast- und Leerlauflage zu beziehen. Für den Beharrungszustand im Leerlauf erhält man damit $\bar{y}_R = 1$ und $\bar{x}_b = (X_K + x_P - X_0)/X_0$; $\bar{x}_{wb} = \bar{x}_b - \bar{x}_K = x_P/X_0 = \bar{x}_P$ bzw. $\bar{x}_{wb}/\bar{x}_P = 1$. Wie aus Abb. 2 zu erkennen ist, nimmt im allgemeinen der P-Bereich x_P, der früher als Ungleichförmigkeit bezeichnet wurde, mit steigendem Sollwert der Drehzahl ab. Er kann bei den meisten Konstruktionen der Kraftmaschinenregler nur im Stillstand der Maschine in geringem Maße verstellt werden, nur Drehzahlregler für Wasserturbinen besitzen z. T. eine größere Verstellmöglichkeit, die allerdings im allgemeinen auch nur im Stillstand der Maschine zu betätigen

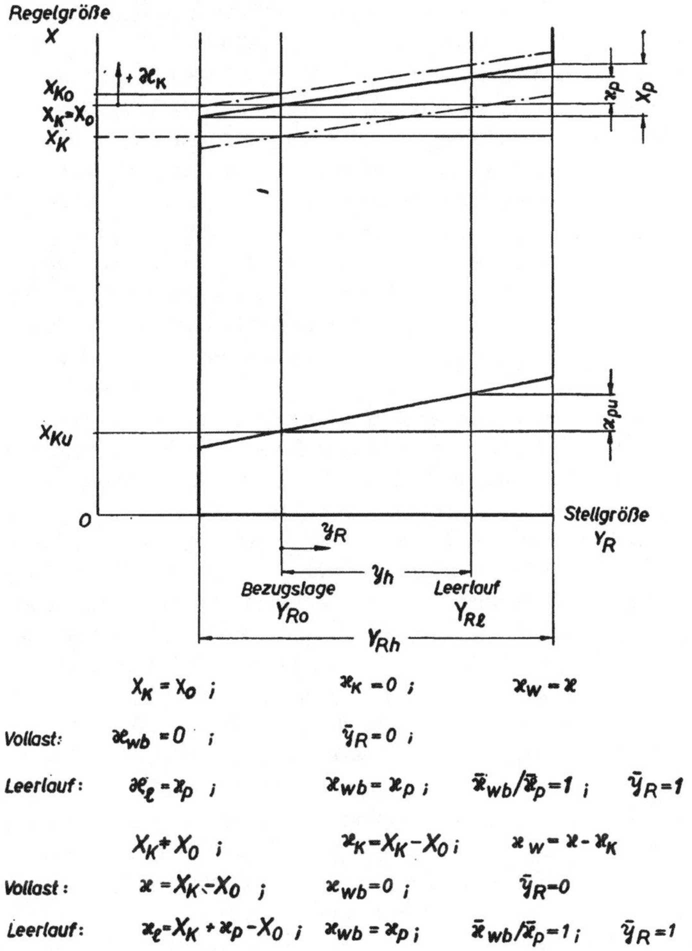

Abb. 2. Kennlinien des idealen P-Reglers im Beharrungszustand

ist. Der P-Bereich muß stets größer sein als ein von den Zeitkonstanten des Reglers *und* der Regelstrecke abhängiger Mindestwert $x_{P-\min}$, bei dem nach jeder Störung des Beharrungszustandes kein neuer Beharrungszustand mehr erreichbar wäre, sondern bei Reibungsfreiheit das Stellglied um die neue Gleichgewichtslage harmonisch schwingen würde. Damit wäre die Stabilitätsgrenze erreicht und bei noch geringeren x_P-Werten würden sich die Schwingungen aufschaukeln, bis schließlich das Stellglied dauernd zwischen den durch die Anschläge begrenzten Lagen hin und her pendeln würde. Der tatsächlich verwendete x_P-Wert soll etwa das Doppelte von $x_{P-\min}$ betragen, damit das Stellglied in möglichst kurzer Zeit auf den für die neue Beharrungslage erforderlichen Wert eingestellt wird und während dieses Vorganges die größte Regelabweichung, die man heute nach DIN 19 226 Überschwingweite $\bar{x}_m$ nennt, den zulässigen Grenzwert nicht überschreitet. Bei Dampfturbinen läßt man für die Überschwingseite $\bar{x}_m$ etwa 7 ··· 10% zu, damit ein Ansprechen des Schnellschlusses sicher vermieden wird.

Die vom Stellzeug des Reglers abgegebene Leistung muß unbedingt ausreichen, das Stellglied der Regelstrecke um den gesamten Stellbereich Y_{Sh} in hinreichend kurzer Zeit zu verstellen. Die entsprechende Verstellarbeit nennt man jetzt „das Arbeitsvermögen des Reglers“; im älteren Schrifttum wird dasselbe Wort in völlig anderer Bedeutung benutzt. Bei Reglern ohne Hilfsenergie, die früher als direkte oder unmittelbare Regler bezeichnet wurden, muß das Meßglied bzw. der Meßgrößenumformer das Arbeitsvermögen aufbringen. Diese Teile werden deshalb stets verhältnismäßig groß und trotzdem reicht das Arbeitsvermögen im allgemeinen nur für Dieselmotoren und Kolbendampfmaschinen aus. Selbst bei diesen Kraftmaschinen ist man aber mitunter gezwungen, Regler mit Hilfsenergie, die man früher als indirekte oder mittelbare Regler bezeichnete, einzusetzen. Bei Dampf- und Wasserturbinen müssen sie fast stets verwendet werden. Die zum Verstellen der Stellglieder der Regelstrecke benötigte Leistung entnimmt man einem Druckölstrom, d. h. man arbeitet mit hydraulischer Hilfsenergie. Die Leistungsverstärker benötigen bei Dampfturbinenreglern weniger als $1^0/_{00}$, bei Wasserturbinenreglern dagegen bis $1^0/_0$ der Turbinennutzleistung, wobei das Arbeitsvermögen dieser Regler bis über 100 000 kpm beträgt.

Ehe ich auf die Einzelglieder des Reglers eingehe, möchte ich zunächst kurz die Regelstrecke behandeln, auf deren Eingang außer der Stellgröße Y_R verschiedene Störgrößen Z wirken. Betrachten wir dazu nochmals Abb. 1, bei dem das Stellzeug des Reglers und das Stellglied der Regelstrecke in der Bezugslage (Vollast) gezeichnet sind. Wir denken uns die Verbindung zwischen diesen beiden Bauteilen gelöst. Dann ergibt sich ein „aufgeschnittener“ oder „offener“ Regelkreis. Alle Störgrößen und der Sollwert sollen unverändert bleiben, aber das Stellglied wird um einen hinreichend kleinen positiven $\bar{y}_S$-Wert verstellt, damit der Vorgang noch linearisiert werden darf. Für $\bar{x}$ und $\bar{y}_R$ erhält man dann die gleichen positiven Zahlenwerte wie für $\bar{y}_S$. Nach Abb. 1 wird aber im geschlossenen Regelkreis bei positivem $\bar{y}_R$-Wert das Stellglied in negativer $\bar{y}_S$-Richtung bewegt; unter den gewählten Voraussetzungen ist $y_S + y_R = 0$, d. h. das Stellglied wird vom Regler wieder in die für den Beharrungszustand richtige Vollastlage gebracht. Nur auf diese Weise läßt sich der Zweck der Regelung erreichen. Jeder Regelbefehl (im Beispiel $+\bar{y}_S$) muß nach Durchlaufen des geschlossenen Regelkreises an die Ausgangsstelle mit umgekehrtem Wirkungssinn zurückkommen, d. h. $\bar{y}_S = -\bar{y}_R$. Diese Tatsache drückt man im Blockschaltbild auf den mit Pfeilen versehenen Linien zwischen Regler und Regelstrecke durch einen Nullkreis und die Vorzeichen minus und plus aus. Die Vorzeichenumkehr ist in *jedem* geschlossenen Regelkreis an einer zweckmäßig zu wählenden Stelle vorzunehmen, damit bei allen Einzelgliedern einer wachsenden Eingangsgröße auch eine wachsende Ausgangsgröße zugeordnet werden kann. Im Beharrungszustand ist stets $y_S = -y_R$; z. B. für die Leerlauflage nach Abb. 1

$$\bar{y}_S = (Y_{Sl} - Y_{So})/y_h = (Y_{Sl} - Y_{So})/(Y_{So} - Y_{Sl}) = -1$$

und

$$\bar{y}_R = (Y_{Rl} - Y_{Ro})/y_h = +1\,.$$

Auf die Regelstrecke wirken noch verschiedene Störgrößen Z. Jede Änderung einer Störgröße benötigt zum Ausgleich ihrer Wirkung auf die Regelgröße X im Beharrungszustand eine bestimmte Änderung der Stellgröße Y_S. Über die Zuordnung der Vorzeichen enthält DIN 19 226 keine Vorschriften; es wird deshalb in Übereinstimmung mit W. OPPELT „Kleines Handbuch Technischer Regelvorgänge“, 2. Aufl., Weinheim/Bergstr. 1956 vereinbart, daß die dimensionslosen Werte für $\bar{z}$ stets dasselbe Vorzeichen wie die zum Ausgleich benötigten Stellgrößenänderungen $\Delta\bar{y}_S$ erhalten. Die wichtigste Störgröße Z_1 aller Kraftmaschinen ist die Belastung, d. h. das der Kraftmaschine von der Arbeitsmaschine abgenommene Drehmoment M_A, das im Auslegungszustand mit M_{A_0} bezeichnet wird. Da im Leerlauf $M_A = 0$ ist, so ist M_{A_0} der zweckmäßigste Bezugswert für die dimensionslose Störgröße $\bar{z}_1 = (M_A - M_{A_0})/(M_{A_0} - 0)$. Im Beharrungszustand bei Leerlauf wird $\bar{z}_1 = -1$, und sofern alle weiteren Störgrößen z_2 usf. null bleiben, muß zum Ausgleich das Stellglied auf $\bar{y}_S = -1$ eingestellt werden. Für $\bar{z}_1$ und $\bar{y}_S$ ergeben sich auch bei Teilentlastung im Beharrungszustand gleiche Zahlenwerte, wenn sich das Drehmoment der Kraftmaschine linear mit der Einstellung des Stellgliedes ändert. Als weitere Störgrößen sind bei Dampfturbinen (vgl. Abb. 1) der Druck p_a am Abdampfstutzen und der Druck p_e bzw. die Temperatur t_e des Zudampfes zu erwähnen. Allerdings ist eine so starke Änderung dieser Störgrößen praktisch weder zulässig noch möglich, daß zum Ausgleich bei konstantem Drehmoment M_{Ao} ($\bar{z}_1 = 0$) eine Verstellung des Stellgliedes $\bar{y}_S$ um den Stellbereich y_{Sh} von 0 auf -1 erforderlich wäre. Die entsprechenden Druckänderungen p_{ah} bzw. p_{eh} sind als reine Rechengrößen anzusehen. Werden die Auslegungsgrößen mit p_{ao} bzw. p_{eo} bezeichnet, so wird die Störgröße $\bar{z}_2 = (p_a - p_{ao})/p_{ah}$; bei absinkendem Gegendruck ($p_a < p_{ao}$) muß zum Ausgleich der Hub der Regelventile verringert werden; die Werte $\bar{z}_2 = \bar{y}_s$ sind negativ. Umgekehrt ist es jedoch bei absinkendem Zudampfdruck ($p_e < p_{eo}$), bzw. absinkender Zudampftemperatur ($t_e < t_{eo}$), dann muß zum Ausgleich der Hub der Zudampfventile vergrößert werden; $\bar{y}_S$ und ($-\bar{z}_3$) sind positiv. $z_3 = (p_e - p_{eo})/p_{eh}$. Alle drei dimensionslosen Störgrößen wirken auf die gesamte Regelstrecke und können daher an ihrem Eingang zur Gesamtstörgröße ($\bar{z} = \bar{z}_1 + \bar{z}_2 - \bar{z}_3$) zusammengefaßt werden. Damit wird die Gesamteingangsgröße der Regelstrecke ($\bar{z} - \bar{y}_R$).

Um das Beharrungsverhalten der Regelstrecke zu kennzeichnen, benutzt man nach DIN 19 226 den Ausgleichswert q. Man versteht darunter das Verhältnis einer Stellgrößenänderung y_S zu der durch sie bei abgeschaltetem Regler im Beharrungszustand bewirkten Änderung der Regelgröße x. Bei Verwendung dimensionsloser Größen für $\bar{y}_S$ und $\bar{x}$ ergibt sich der Ausgleichsgrad $\bar{q} = \bar{y}_S/\bar{x}$. Wird bei $\bar{y}_S = 0$; $\bar{z} = 0$; $\bar{x} = 0$ und abgeschaltetem Regler das Stellglied um $+\bar{y}_S$ verstellt, so erzeugt die Kraftmaschine ein größeres Drehmoment als M_{Ao}. Treibt sie einen Synchronstromerzeuger an, der auf ein großes Verbundnetz arbeitet, so ergibt sich trotzdem keine Erhöhung der Netzfrequenz d. h. die Drehzahl bzw. die Winkelgeschwindigkeit (Regelgröße x) bleiben unverändert. Der Ausgleichsgrad $\bar{q}$ ist unendlich groß und ein Drehzahlregler wäre für diesen Betriebsfall nicht erforderlich. Wenn die Arbeitsmaschine z. B. eine Kreiselpumpe ist, bei der das benötigte Drehmoment M_A mit dem Quadrat der Drehzahl ansteigt, so wird bei positivem Verstellen des Stellgliedes die Welle des Maschinensatzes zunächst beschleunigt. Die Winkelbeschleunigung $d\bar{x}/dt$, die mit $\dot{\bar{x}}$ bezeichnet wird, nimmt aber bis auf null ab, wenn der Drehmomentbedarf der Arbeitsmaschine gleich dem abgegebenen Drehmoment der Kraftmaschine geworden ist. Ein neuer Beharrungszustand bei $\bar{x} > 0$ wird erreicht. Die Strecke hat ein proportionales oder P-Verhalten, das durch den Ausgleichsgrad $\bar{q}$ zahlenmäßig angegeben wird. Je geringer der Ausgleichsgrad $\bar{q}$ wird, um so größer werden die Anforderungen an den Regler. Muß mit der Gefahr einer Vollentlastung der Kraftmaschine gerechnet werden, so wird der Ausgleichsgrad $\bar{q}$ sehr klein und — um sicher zu gehen — rechnet man dann mit dem Ausgleichsgrad $\bar{q} = 0$. Dadurch kommt zum Ausdruck, daß selbst bei einer kleinen Verstellung des Stellgliedes aus seiner Beharrungslage *ohne* Regler trotz kleiner Winkelbeschleunigung nach hinreichend langer Zeit eine für die Kraftmaschine unzulässig große Drehzahlsteigerung eintreten würde. Die Ausgangsgröße der Strecke, die Regelgröße $\bar{x}$, wird dann proportional dem Zeitintegral der Eingangsgröße $\bar{y}_S$. Man nennt alle Regelkreisglieder, die dieses Verhalten zeigen, integral wirkende oder I-Glieder, früher bezeichnete man sie als astatische Glieder. Bei I-Regelstrecken ist jedem $\bar{y}_S$-Wert des Stellgliedes eine bestimmte Änderungsgeschwindigkeit $\dot{\bar{x}}$ der Regelgröße zugeordnet.

Das Zeitverhalten einer P- oder I-Regelstrecke gibt die zeitliche Änderung der Regelgröße $\bar{x}$ als Ausgangsgröße und ihrer Ableitung $\dot{\bar{x}}$ usf. bei beliebiger zeitlicher Änderung der

Stellgröße $\bar{y}_S$ als Eingangsgröße an. Es ist maßgebend für die Auswahl und Einstellung des Reglers. Häufig genügt die Angabe der Anlaufzeit T_a, d. h. der Zeit, in der sich die Winkelgeschwindigkeit der unbelasteten Kraftmaschine (entnommenes Drehmoment der Arbeitsmaschine $M_A = 0$) bei Vollasteinstellung ($\bar{y}_S = 0$, $\bar{z} = 0$) von null bis auf den Bezugswert X_0 erhöhen würde, wobei allerdings während der gesamten Anlaufzeit das Vollastnutzmoment M_{A_0} erzeugt werden müßte. Wenn Θ das Massenträgheitsmoment aller umlaufenden Teile der Kraft- und Arbeitsmaschine ist, ergibt sich die Anlaufzeit zu $T_a = \Theta \cdot X_0/M_{A0}$. Die üblichen Anlaufzeiten für 50 MW Dampfturbinen mit Synchrongeneratoren liegen bei etwa 10 Sekunden, sie werden bei größeren Einheiten noch kürzer werden, so daß die Anforderungen an den Regler steigen. Für einen in der DDR gebauten 8-Zylinder-Dieselmotor mit 1800 PS Nutzleistung bei 275 U/min beträgt die Anlaufzeit nur 3,4 Sekunden. Das Zeitverhalten der Kraftmaschinen-Regelstrecken, das sich schon hinreichend genau durch den Ausgleichsgrad $\bar{q}$ und die Anlaufzeit T_a kennzeichnen läßt, wird durch die Differentialgleichung 1. Ordnung angegeben:

$$T_a \cdot \dot{\bar{x}}(t) + \bar{q} \cdot \bar{x}(t) = \bar{y}_S(t) .$$

Auf die linke Seite der Gleichung schreibt man stets die Ausgangsgröße und ihre Ableitungen mit den Beiwerten, auf die rechte Seite die Eingangsgröße mit dem Beiwert 1. Nach der Ordnung der Differentialgleichung werden alle Einzelglieder des Regelkreises bezeichnet; im vorliegenden Fall handelt es sich um ein P-Glied erster Ordnung, bzw. bei $\bar{q} = 0$ um ein I-Glied erster Ordnung. Genauer läßt sich das Zeitverhalten der Regelstrecke ermitteln, wenn man sie in Einzelglieder auflöst, wie dies z. B. bei Gasturbinenanlagen unbedingt nötig ist. Dann wird das Zeitverhalten aller Einzelglieder, angefangen vom Stellglied, dem Speichervolumen usf. getrennt nach Verfahren ermittelt, die ich bei der Besprechung der Einzelglieder des Reglers erläutern will.

Bei allen Kolbenmaschinen ist noch zu beachten, daß nach einer Verstellung des Stellgliedes eine bestimmte Zeit vergeht, ehe sich das erzeugte Drehmoment der Kraftmaschine überhaupt ändert. Ein besonders krasses Beispiel dafür ist der einfachwirkende Einzylinder-Viertakt-Dieselmotor. Wird das Stellglied, die Zahnstange der Einspritzpumpe für den Kraftstoff, im ungünstigsten Falle gerade in dem Augenblick verstellt, in dem die Kraftstoffeinspritzung in den Arbeitszylinder beendet ist, so werden zwei Kurbelwellenumdrehungen benötigt, bevor die geänderte Kraftstoffmenge in den Arbeitszylinder eingespritzt ist. Dort muß sie noch verbrennen, ehe sich das erzeugte Drehmoment ändern kann. Erst die Drehmomentänderung verursacht die Drehzahländerung. Die Regelstrecke hat eine beträchtliche und veränderliche Totzeit T_t, das ist die Zeit, die vergeht, bis sich eine Veränderung der Stellgröße auf die Regelgröße am Meßort auszuwirken beginnt. Früher wurde sie als Laufzeit bezeichnet.

Nun komme ich zu den Einzelgliedern des Reglers und den Möglichkeiten, ihr Zeitverhalten quantitativ anzugeben. Wenn sich auch durch entsprechend weitgehende Aufteilung das Zeitverhalten jedes Einzelgliedes innerhalb bestimmter Grenzen meist durch einfache lineare Differentialgleichungen beschreiben läßt — nur Glieder mit Totzeit ergeben partielle Differentialgleichungen —, so wird das Zusammenfügen dieser Differentialgleichungen bei vielen Einzelgliedern zur Behandlung des dynamischen Verhaltens des geschlossenen Regelkreises doch sehr aufwendig und es besteht die Gefahr, daß Nichtlinearitäten übersehen werden. Bei Nichtlinearitäten erhält man außerdem bei rezeptartiger Behandlung der Differentialgleichung mit Hilfe der LAPLACE-Transformation nur eine erste Näherungslösung. Ich möchte deshalb schon bei den einfachsten Einzelgliedern *die* Verfahren mit behandeln, die in schwierigen Fällen verhältnismäßig einfach das dynamische Verhalten des geschlossenen Regelkreises zu ermitteln gestatten. Diese Verfahren werden in der Elektrotechnik schon seit längerer Zeit zur dynamischen Behandlung der Regelvorgänge verwendet. Es sind die Sprungfunktion, die Anstiegsfunktion und der Frequenzgang.

In jedem mechanischen Regler kommen starre Gestänge vor (Abb. 3). Die stark gezeichnete Bezugslage einer einfachen Verbindungsstange (Abb. 3.1) mit zwei Gelenken an

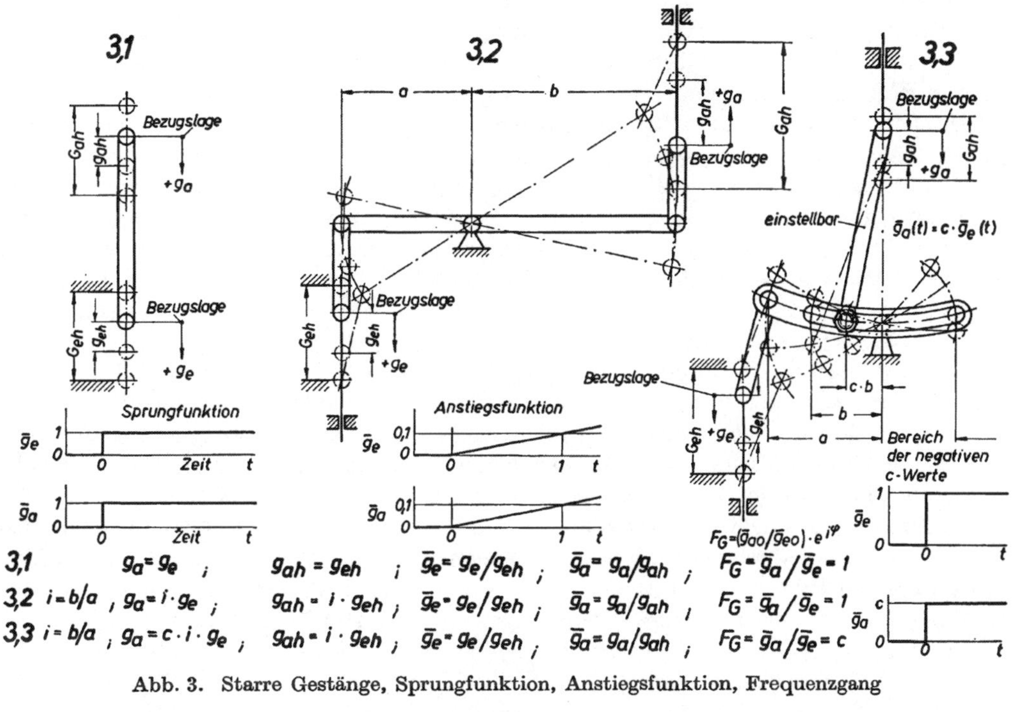

Abb. 3. Starre Gestänge, Sprungfunktion, Anstiegsfunktion, Frequenzgang

ihren Enden soll die Lage im Beharrungszustand bei Vollast sein. Am unteren Gelenk der Stange wird die Eingangsgröße g_e als Verstellweg aufgegeben, die positive Richtung ist durch den Pfeil gekennzeichnet. Der Verstellweg bis zur Leerlauflage der Stange wird als Verstellbereich mit g_{eh}, der durch Anschläge festgelegte — entsprechend größere — Gesamtstellbereich mit G_{eh} bezeichnet. Am oberen Gelenk der Stange wird die Ausgangsgröße g_a als Weg weitergegeben, die positive Richtung ist durch die positive Richtung am Eingang eindeutig festgelegt. Im Gesamtstellbereich verhält sich dieses Glied linear, wobei stets die Ausgangsgröße g_a gleich der Eingangsgröße g_e ist und damit auch $g_{ah} = g_{eh}$; $G_{ah} = G_{eh}$. Um Ein- und Ausgangsgröße dimensionslos zu machen, werden sie auf ihren Verstellbereich zwischen Vollast- und Leerlauflage bezogen, $\bar{g}_e = g_e/g_{eh}$ und $\bar{g}_a = g_a/g_{ah}$.

Bei der Sprungfunktion wird zur Zeit null plötzlich die bezogene Eingangsgröße $\bar{g}_e$ von 0 auf 1 verstellt und bleibt dann konstant. Bei Gliedern mit nichtlinearem Verhalten erfolgt diese plötzliche Verstellung der Eingangsgröße nur um einen Wert < 1, für den Linearität noch hinreichend genau vorausgesetzt werden darf. Stets wird jedoch von der Zeit null an der Verlauf der dimensionslosen Ausgangsgröße $\bar{g}_a$ ausreichend lange gemessen, bei proportional wirkenden Gliedern mindestens bis zum Erreichen des neuen Beharrungszustandes. Dieser wird beim starren Gestänge ohne merkliche Zeitverzögerung, d. h. zur Zeit null, eingestellt. Der Regelungstechniker spricht dann von einem verzögerungsarmen P-Glied oder P-Glied nullter Ordnung, für dessen Zeitverhalten die algebraische Gleichung

$\bar{g}_a(t) = \bar{g}_e(t)$ gilt. Der Verlauf der bildlichen Darstellung der Ausgangsgröße wird im Schrifttum oft als „Übergangsfunktion" bezeichnet.

Es kommt vor, daß sich mit der Sprungfunktion das Zeitverhalten eines Gliedes nicht eindeutig angeben läßt, dann verwendet man die Anstiegsfunktion. Die dimensionslose Eingangsgröße $\bar{g}_e$ wird von der Zeit null an mit konstanter Geschwindigkeit verstellt und der zeitliche Verlauf der Ausgangsgröße von der Zeit null an gemessen. Die in Abb. 3 beigeschriebenen Zahlenwerte sind willkürlich gewählt.

Bei einer Frequenzganguntersuchung wird die dimensionslose Eingangsgröße — abhängig von der Zeit — sinusförmig mit einer bestimmten Frequenz ω geändert, d. h. man gibt am Eingang eine harmonische Schwingung auf, die durch $\bar{g}_e(s)$ und ω gekennzeichnet werden soll. Nach Abklingen des Einschwingvorganges schwingt die dimensionlose Ausgangsgröße $\bar{g}_a(s)$ bei allen linearen Systemen mit gleicher Frequenz ω. Im stationären Zustand mißt man dann das Amplitudenverhältnis $\bar{g}_{a0}/\bar{g}_{e0}$ der Ausgangsschwingung zur Eingangsschwingung und den Phasenverschiebungswinkel φ der Ausgangsschwingung gegenüber der Eingangsschwingung. Diese Messungen müssen bei verschiedenen Frequenzen von $\omega = 0$ bis $\omega \to \infty$ durchgeführt werden, wobei die Amplitude $\bar{g}_e(0)$ der Eingangsschwingung nicht geändert wird. Die Ergebnisse in komplexer Schreibweise (imaginäre Einheit i) bezeichnet man als „komplexen Frequenzgang $F_G = \bar{g}_a(s)/\bar{g}_e(s) = (\bar{g}_{a0}/\bar{g}_{e0}) \cdot e^{i\varphi}$" des Regelkreisgliedes. Sein absoluter Betrag (Modul) ist das Amplitudenverhältnis $\bar{g}_{a0}/\bar{g}_{e0}$ und sein Argument der Phasenverschiebungswinkel φ. Der Übergang von der linearen Differentialgleichung zum komplexen Frequenzgang läßt sich allgemeingültig angeben. Ich möchte mir die mathematische Ableitung hier ersparen. Wenn sich die Eingangsgröße nach einer Sinusfunktion ändert, ist sie nach dem Ansatzverfahren einfach. Die mit der Eingangsgröße verbundenen Systemkonstanten der Differentialgleichung sind in den Zähler und die mit der Ausgangsgröße verbundenen in den Nenner des komplexen Frequenzganges zu schreiben. Statt des ersten Differentialquotienten der Eingangs- bzw. Ausgangsgröße ist im komplexen Frequenzgang $(i\,\omega)^1$; statt des zweiten $(i\,\omega)^2$ usf. zu setzen. Statt $(i\,\omega)$ wird im Schrifttum meist (p) geschrieben. Zur Bilddarstellung des komplexen Frequenzganges benutzt man die GAUSSsche Zahlenebene. Den Vektor, der die harmonische Eingangsschwingung darstellt, für die bei allen Frequenzen ω die Amplitude 1 vorausgesetzt wird, legt man in die positiv reelle Achse. Da Amplitudenverhältnis und Phasenverschiebungswinkel der Ausgangsschwingung im allgemeinen von der Frequenz ω abhängen, ergibt sich für jede Frequenz ω ein anderer Vektor, der die harmonische Ausgangsschwingung darstellt. Die Verbindungslinie der Endpunkte aller Vektoren wird „Ortskurve des Frequenzganges" oder „Gangkurve" genannt. Auf ihr müssen die Frequenzen ω gesondert angegeben werden. Jedes Einzelglied der Differentialgleichung bzw. des Frequenzganges läßt sich in der GAUSSschen Zahlenebene durch einen Vektor darstellen. Dabei ist bei der Differentiation einer Sinusschwingung der zugehörige Zeiger um 90° in der Phase vorzudrehen und die Amplitude mit ω zu multiplizieren (vgl. z. B. Abb. 8). Da im vorliegenden Falle des starren Gestänges das Zeitverhalten $\bar{g}_a(t)/\bar{g}_e(t) = 1$ ist, wird für alle Frequenzen ω auch die Ausgangsschwingung durch den Vektor 1 auf der positiv reellen Achse dargestellt, das Amplitudenverhältnis $\bar{g}_{a0}/\bar{g}_{e0} = 1$ und der Phasenverschiebungswinkel $\varphi = 0$.

Wenn statt der einfachen Verbindungsstange ein Gestänge mit einem zweiarmigen Hebel mit der Übersetzung i (Abb. 3.2) verwendet wird, so wird zwar der von der Bezugslage aus gemessene Weg g_a am Ausgang im Verhältnis i gegenüber dem am Eingang von der Bezugslage aus aufgegebenen Weg g_e verändert, aber auch der Verstellbereich g_{ah} ändert sich ebenso gegenüber g_{eh}, so daß sich für die dimensionslosen Werte $\bar{g}_e$ bzw. $\bar{g}_a$ kein Unterschied gegenüber der einfachen Verbindungsstange ergibt.

Wird ein einstellbares starres Gestänge verwendet, bei dem der Wert c zwischen null und eins (Abb. 3.3) verstellt werden kann, so muß die Ausgangsgröße stets auf den Stellbereich g_{ah} bezogen werden, der sich bei $c = 1$ ergibt. Für das Zeitverhalten gilt dann die Beziehung $\bar{g}_a(t) = c \cdot \bar{g}_e(t)$. Der Frequenzgang des Gliedes ist $F_G = c$; für alle ω-Werte wird das Amplitudenverhältnis $\bar{g}_{a0}/\bar{g}_{e0} = c$ und der Phasenverschiebungswinkel $\varphi = 0$. Für $c = 0$ ist das Gestänge unterbrochen. Der Ausgangswert g_a ist stets null, d. h. die Bezugslage wird zum Festpunkt.

Außer starren Gestängen verwendet man in Reglern auch nachgebende Gestänge. Eine Ausführungsmöglichkeit ist schematisch in Abb. 4 dargestellt. Die Eingangsgröße g_e wird als Weg, der von der Bezugslage aus gemessen wird, aufgegeben. Um denselben Weg verändert sich ohne Zeitverzögerung die Lage des ölgefüllten Bremszylinders (1), in dem

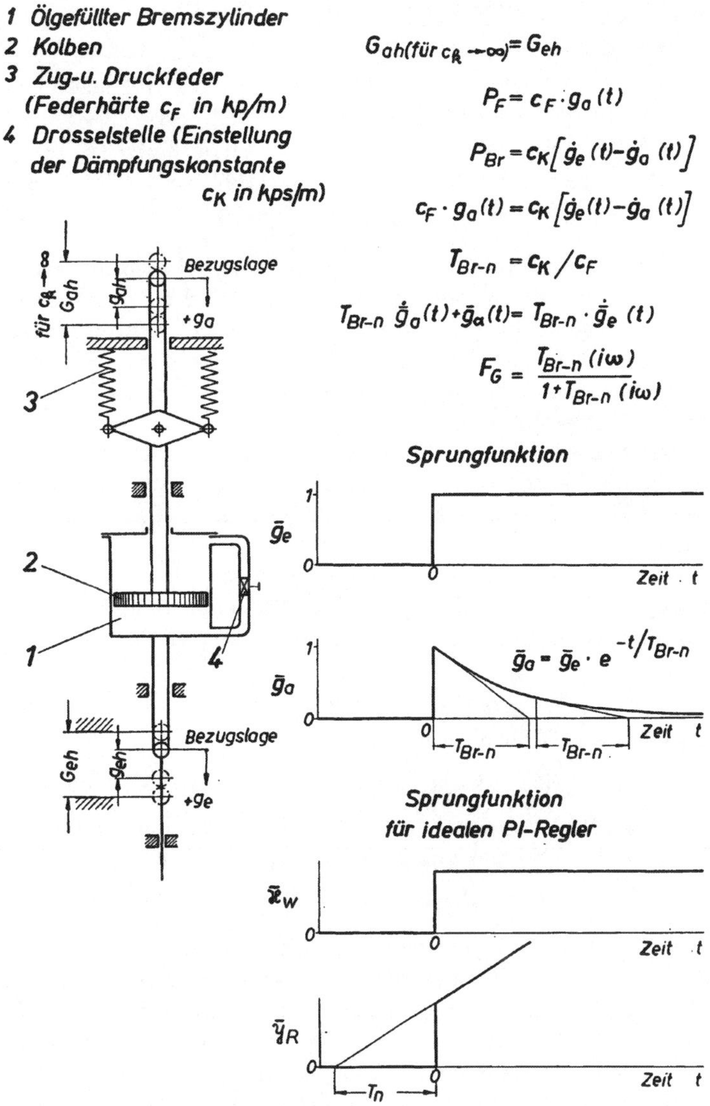

Abb. 4. Nachgebendes Gestänge, Sprungfunktion, Sprungfunktion für idealen PI-Regler

sich ein Kolben (2) mit Kolbenstange befindet. Der am Ende der Kolbenstange von der Bezugslage aus gemessene Weg ist die Ausgangsgröße g_a. Durch den Kolben sollen die beiden Zylinderräume vollkommen gegeneinander abgedichtet werden, damit das Öl nur über das einstellbare Drosselventil (4) von einer Zylinderseite zur anderen gelangen kann, wenn auf den Kolben eine äußere Kraft durch die Feder (3) mit der Federhärte c_F ausgeübt wird. Bei geschlossenem Drosselventil wird die Dämpfungskonstante c_K unendlich groß und das Gestänge wirkt genau wie ein starres Gestänge, d. h. $g_a(t) = g_e(t)$ bzw. $g_{ah} = g_{eh}$.

Wenn für die Dämpfungskonstante c_K ein endlicher Wert eingestellt ist, wird das Zeitverhalten zunächst für die Sprungfunktion in Abb. 4 dargestellt. Unter der Voraussetzung von linearem Verhalten kann man die dimensionslose Eingangsgröße $\bar{g}_e$ zur Zeit null von 0 auf 1 verstellen. Zur Zeit $t = 0$ tritt jedoch noch kein Öl durch die Drosselstelle, so daß auch die Ausgangsgröße $\bar{g}_a$ sich sprunghaft von 0 auf 1 ändert. Durch die Feder wird die Federkraft $P_F = c_F \cdot g_a$ auf den Kolben ausgeübt. Unter der Wirkung dieser Kraft ändert sich bei reibungsfreier Bewegung des Kolbens im Zylinder die Ausgangsgröße g_a in negativer Richtung bis die Federkraft auf null abgenommen hat. Dann ist die Ausgangsgröße wieder in ihrer Bezugslage ($g_a = 0$), man spricht von einem auf null nachgebenden Gestänge. Für diese nachgebende Bewegung gilt die Beziehung

$$g_a = g_e \cdot e^{-t/T_{Br-n}},$$

wobei die Nachgebezeitkonstante $T_{Br-n} = c_K/c_F$ ist. Da bei diesem Beispiel die Ein- und die Ausgangsgröße gleiche Dimensionen haben, ergibt sich die Konstante auch mit dimensionsbehafteten Größen sofort als Zeitkonstante. Bei allen Regelkreisgliedern mit verschiedenen Dimensionen der Ein- und Ausgangsgrößen muß man diese jedoch zunächst dimensionslos machen, damit bei linearen Systemen die Beiwerte stets die Dimension einer ganzzahligen Potenz der Zeit erhalten.

Für beliebige zeitliche Änderung der Eingangsgröße $g_e(t)$ des auf null nachgebenden Gestänges wird die der Federkraft P_F entgegenwirkende Bremskraft P_{Br} proportional der Relativgeschwindigkeit $[\dot{g}_e(t) - \dot{g}_a(t)]$ des Kolbens im Bremszylinder; es gilt: $P_{Br} = c_K [\dot{g}_e(t) - \dot{g}_a(t)]$.

Die durch den Unterschied der Feder- und Bremskraft hervorgerufene Beschleunigung $\ddot{g}_a(t)$ der Ausgangsgröße bzw. die ihr proportionale Massenkraft bleibt meist vernachlässigbar klein, so daß man genügend genau durch Gleichsetzen der Feder- und Bremskraft erhält:

$$c_F \cdot g_a(t) = c_K [\dot{g}_e(t) - \dot{g}_a(t)]$$

bzw. mit dimensionslosen Größen

$$T_{Br-n} \cdot \dot{\bar{g}}_a(t) + \bar{g}_a(t) = T_{Br-n} \cdot \dot{\bar{g}}_e(t)\,.$$

Nach dem allgemeinen Bildungsgesetz läßt sich für sinusförmige Änderung der Eingangsgröße sofort der komplexe Frequenzgang anschreiben:

$$F_G = T_{Br-n}\, i\, \omega/(1 + T_{Br-n}\, i\, \omega)\,.$$

Starre bzw. nachgebende Gestänge verwendet man z.B. in Rückführungen von Reglern mit Hilfsenergie (vgl. Abb. 15), die man dann als starre bzw. nachgebende Rückführungen bezeichnet. Früher nannte man sie statische bzw. elastische oder isodrome Rückführungen. Sie bilden im Inneren des Reglers zusammen mit dem Leistungsverstärker, der aus Kraftschalter und Stellmotor besteht, einen „kleinen Regelkreis". Seine „Regelstrecke" ist der Leistungsverstärker, sein „Regler" die Rückführung, seine „Regelgröße" die Ausgangsgröße $\bar{y}_R$ des Verstärkers und seine „Stellgröße" die Ausgangsgröße $\bar{y}_r$ der Rückführung, die negativ am Verstärkereingang aufgeschaltet werden muß. Die Wirkungsrichtung der Rückführung ist allen anderen Einzelgliedern des Reglers entgegengesetzt.

Werden nachgebende Gestänge in Rückführungen von P-Reglern verwendet, so erhält im allgemeinen der Regler zusätzlich einen integral wirkenden oder I-Einfluß, man nennt ihn heute PI-Regler, früher Isodrom-Regler oder Regler mit vorübergehender Statik. Die Zeitkonstante T_{Br-n} ist dann identisch mit der Nachstellzeit T_n des PI-Reglers, die im älteren Schrifttum als Isodrom- oder Rückführzeit bezeichnet wurde. Sie läßt sich besonders anschaulich mit der Sprungfunktion des idealen PI-Reglers darstellen (vgl. Abb. 4), bei der die dimensionslose Eingangsgröße die Regelabweichung $\bar{x}_w$ und die dimensionslose Ausgangsgröße des Stellzeuges $\bar{y}_R$ verwendet werden. Die Nachstellzeit T_n ist die Zeit, die das Stellzeug, vom Augenblick einer plötzlichen Regelabweichung $\bar{x}_w$ an gerechnet, benö-

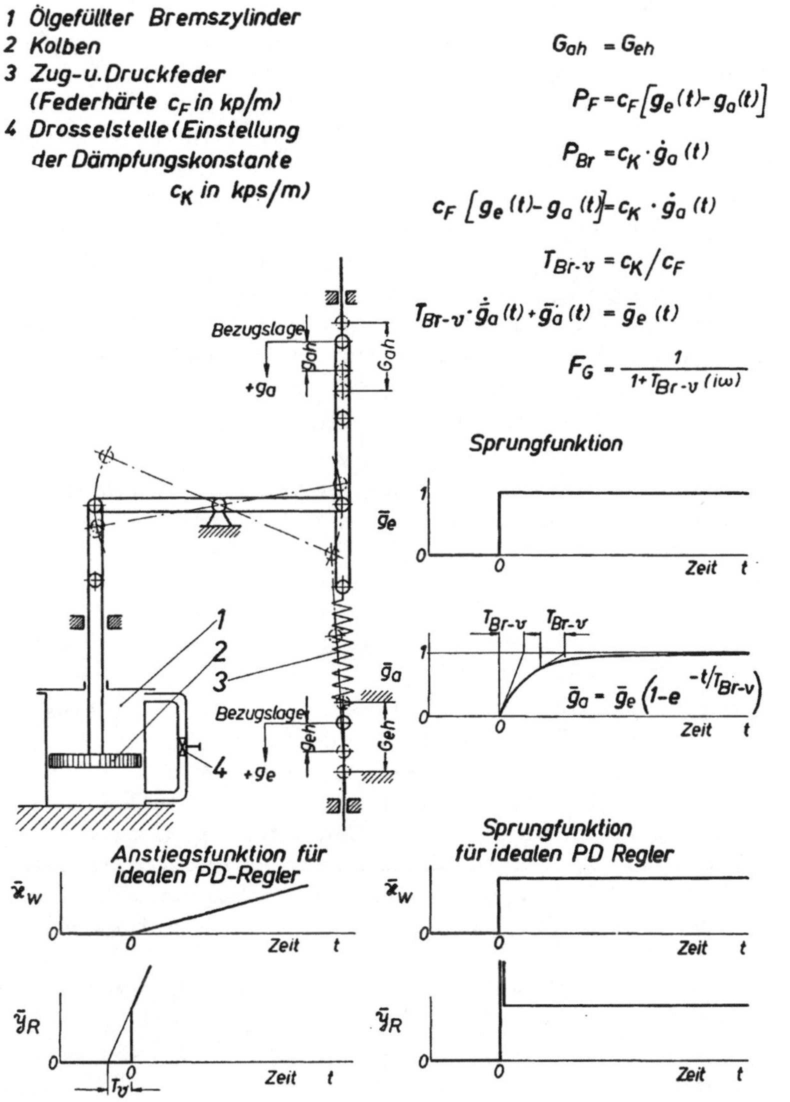

Abb. 5. Verzögerndes Gestänge, Sprungfunktion, Sprung- und Anstiegsfunktion für idealen PD-Regler

tigt, um denjenigen Weg $\bar{y}_R$ zusätzlich auf Grund der Integralwirkung nachzustellen, den es infolge des proportionalen Anteils bereits zurückgelegt hat. Für Drehzahlregler von Dampfturbinen sind Nachstellzeiten T_n zwischen 5 und 30 Sekunden üblich. Während beim P-Regler — wie bereits erwähnt — der P-Bereich mit Rücksicht auf das dynamische Verhalten nicht zu klein werden darf und sich daher im Leerlauf im Beharrungszustand entsprechend große bleibende Regelabweichungen $\bar{x}_P$ ergeben, wird beim PI-Regler mit auf null nachgebender Rückführung im Beharrungszustand bei allen Belastungen der Sollwert der Drehzahl genau eingehalten, stets ist die bleibende Regelabweichung $\bar{x}_{wb} = 0$. Durch Rückführungen mit positivem oder negativem Rest läßt im Beharrungszustand jede für den Einsatz der Kraftmaschine zweckmäßige Zuordnung von Belastung und Drehzahl erreichen, z. B. wird bei einer Rückführung mit negativem Rest die Leerlaufdrehzahl kleiner als die Vollastdrehzahl.

Die Umkehrung des nachgebenden Gestänges ist das verzögernde Gestänge. In beiden Fällen lassen sich die gleichen Bauteile verwenden, aber ihre Anordnung unterscheidet sich. Aus Abb. 5 ist dies zu erkennen. Das Zeitverhalten wird unter den beim nachgebenden Gestänge erwähnten Voraussetzungen (Reibungsfreiheit und Vernachlässigung der Massenkräfte) behandelt. Wird die Sprungfunktion am Eingang aufgeben, so wird zur Zeit $t = 0$ die Ausgangsgröße $\bar{g}_a = 0$. Die Federkraft $P_F = c_F\,[g_e(t) - g_a(t)]$ wirkt auf den Kolben im Bremszylinder. Bei endlicher Dämpfungskonstante c_K bewegt sich der Kolben mit der Geschwindigkeit $\dot{g}_a(t)$, wobei die Bremskraft $P_{Br} = c_K \cdot \dot{g}_a(t)$ ist. Daher steigt die Ausgangsgröße verzögert $g_a = g_e\,(1 - e^{-t/T_{Br-v}})$, wobei die Zeitkonstante der Verzögerung $T_{Br-v} = c_K/c_F$ ist. Nach hinreichend langer Zeit wird $g_a = g_e$. Bei beliebiger zeitlicher Änderung der Eingangsgröße $g_e(t)$ ergibt sich aus der Gleichheit der Feder- und der Bremskraft die Beziehung $c_F\,[g_e(t) - g_a(t)] = c_K \cdot \dot{g}_a(t)$ bzw. in dimensionsloser Schreibweise $T_{Br-v} \cdot \dot{\bar{g}}_a(t) + \bar{g}_a(t) = \bar{g}_e(t)$ und für sinusförmige Änderung der Eingangsgröße läßt sich für den Frequenzgang anschreiben: $F_G = 1/(1 + T_{Br-v}\, i\, \omega)$.

Wenn verzögernde Gestänge in Rückführungen von P-Reglern verwendet werden, so erhält der Regler im allgemeinen einen differenzierend wirkenden oder D-Einfluß. Man bezeichnet ihn heute als P-Regler mit Vorhalt oder PD-Regler, früher als statischen Regler mit Differentialquotienten-Aufschaltung oder Beharrungsmasse. Die Zeitkonstante T_{Br-v} ist dabei mit der Vorhaltzeit T_v des PD-Reglers identisch, die im älteren Schrifttum als Beschleunigungszeit bezeichnet wurde. Für Drehzahlregelungen von Dampfturbinen verwendet man Vorhaltzeiten T_v zwischen 0,5 und 5 Sekunden.

Mit der Sprungfunktion läßt sich die Vorhaltzeit des idealen PD-Reglers zahlenmäßig nicht angeben, da diese zur Zeit null eine Unendlichkeitsstelle 1. Ordnung hat. Man muß die Anstiegsfunktion verwenden, bei der sich die Vorhaltzeit als die Zeit ergibt, die das Stellzeug — vom Beginn einer mit konstanter Geschwindigkeit verlaufenden Änderung der Regelabweichung $\bar{x}_w$ an — benötigt, um auf Grund der Proportionalwirkung den Weg $\bar{y}_R$ zurückzulegen, den es infolge der Vorhaltwirkung bereits zur Zeit null zurückgelegt hat. Der erste PD-Regler wurde 1845 von W. Siemens für Dampfmaschinen konstruiert und Stodola veröffentlichte in Z. VDI 1899, S. 506ff. eine theoretische Untersuchung über diese Regler. Durch den D-Einfluß wird das dynamische Regelverhalten gegenüber dem reinen P-Regler vor allem dann verbessert, wenn kurzzeitig starke Störgrößenänderungen auftreten. Außerdem läßt sich durch den D-Einfluß des Reglers Stabilität des geschlossenen Regelkreises erreichen, auch wenn die Regelstrecke allein instabil ist.

Auf Kombinationen verschiedener Gestängearten, durch die sich PID-Regler mit Hilfsenergie aufbauen lassen, möchte ich nicht eingehen, obgleich sie zum Teil bei Wasserturbinen verwendet werden. Es sollen vielmehr einige neuzeitliche P-Drehzahlmeßwerke behandelt werden. Abb. 6 stellt ein mechanisches P-Drehzahlmeßwerk mit gelenklosem Blattfederpendel dar. Die Drehzahl wird als Fliehkraft P_c gemessen und als Muffenweg y_M am Ausgang des Meßwerkes abgebildet. Es ist bei allen mechanischen Meßeinrichtungen beson-

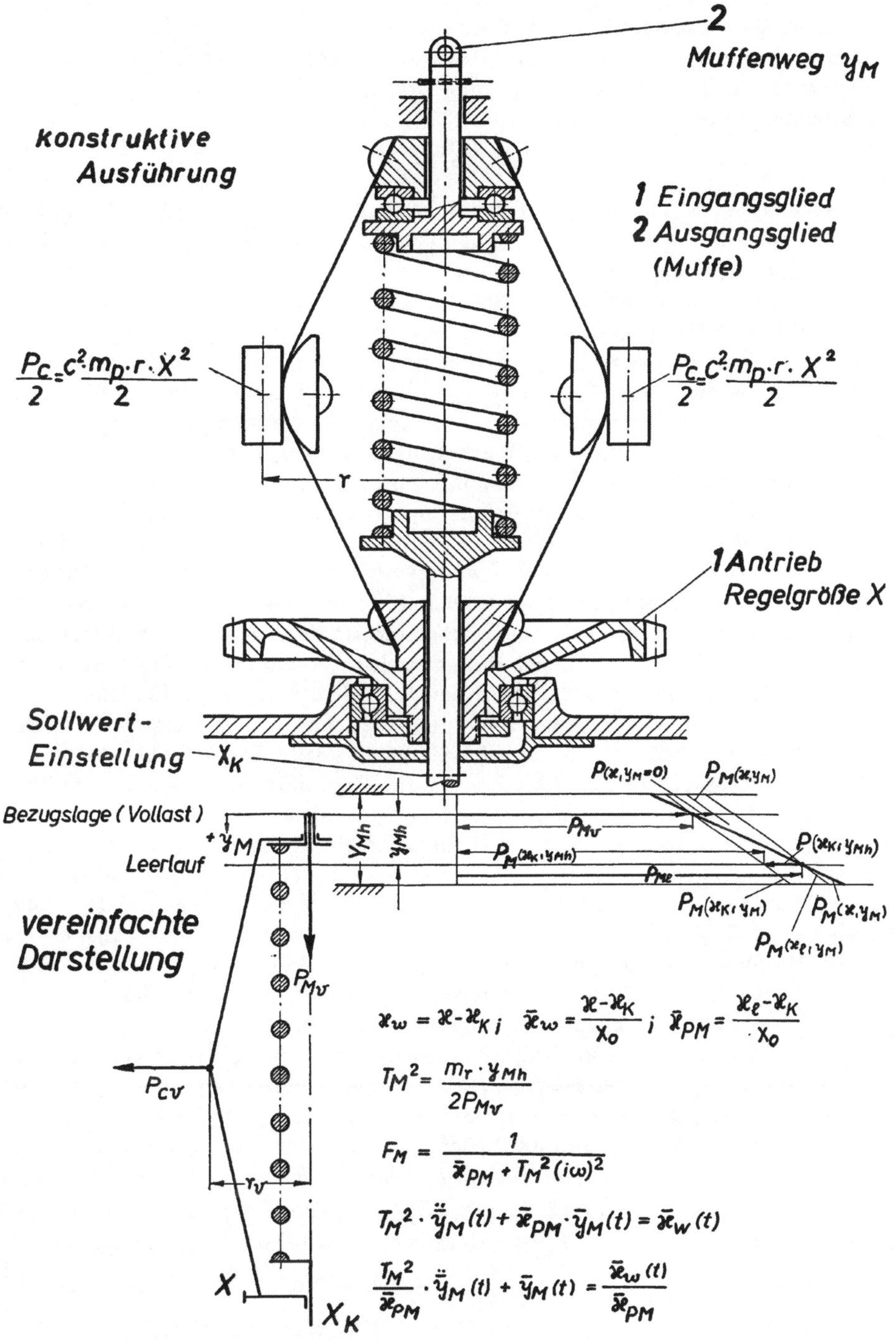

Abb. 6. P-Drehzahlmeßwerk mit gelenklosem Blattfederpendel

ders wichtig, die COULOMBsche Reibung als Nichtlinearität möglichst klein zu halten. Man verwendet deshalb bei mechanischen Meßwerken keine Geradführungen und möglichst wenig Gelenkmechanismen. Flüssigkeitsreibung, bei der der Bewegungsgeschwindigkeit der Muffe proportionale Reibungskräfte auftreten, ist dagegen in begrenztem Umfang erwünscht. Bei allen P-Drehzahlmeßwerken entspricht im gesamten — durch Anschläge begrenzten — Stellbereich Y_{Mh} der Muffe im Beharrungszustand jeder Muffenlage eine andere Drehzahl, z.B. der Leerlauflage die Drehzahl X_l bzw. $x_l = X_l - X_0$. Der P-Bereich zwischen Vollast und Leerlauf ist

$$\bar{x}_{PM} = \frac{x_l - x_K}{X_0}.$$

Die zwei Schwungpendel mit der Gesamtmasse m_p laufen um mit einer Winkelgeschwindigkeit ω_R, die dem Istwert X der Regelgröße proportional ist ($\omega_R = c \cdot X$), wobei der Abstand ihrer Schwerpunkte von der Drehachse r ist. Die Fliehkraft $P_c = m_p \cdot r \cdot \omega_R^2 = c^2 \cdot m_p \cdot r \cdot X^2$ hängt vom Quadrat der Regelgröße *und* dem von der Bezugslage (Vollast) aus gemessenen Muffenweg y_M ab, z.B. ist für $y_M = 0$: $P_{cv} = c^2 \cdot m_p \cdot r_v \cdot X_K^2$. Die nach den Gesetzen der Statik auf die Bewegungsrichtung der Muffe bezogenen Fliehkräfte werden mit P_M bezeichnet. Da sich im Stellbereich Y_{Mh} hinreichend genau r linear mit y_M ändert, ergibt sich bei konstanter Drehzahl für die Abhängigkeit zwischen y_M und P_M eine Gerade. In Abb. 6 sind für die Drehzahlen x_K, x und x_l die $P_M(x_K, y_M)$, $P_M(x, y_M)$ und $P_M(x_l, y_M)$-Geraden eingezeichnet. Im Beharrungszustand muß P_M stets im Gleichgewicht sein mit den — nur von der Muffenlage y_M abhängigen, auf die Bewegungsrichtung der Muffe bezogenen-Rückstellkräften P_E. Während bei älteren Konstruktionen die Gewichtskräfte der mit der Muffe bewegten Teile des Meßwerkes (Schwungpendel, Muffe) entweder die gesamten oder mindestens einen beträchtlichen Teil der Rückstellkräfte ausmachten, ist bei der vorliegenden Konstruktion die ausschlaggebende Rückstellkraft die Kraft P_F der Druckfeder. Es kann daher — mindestens im Bereich y_{Mh} zwischen Vollast- und Leerlauflage — hinreichend genau für die Abhängigkeit der Rückstellkräfte von der Muffenlage ein linearer Verlauf (in Abb. 6 stark ausgezogen und durch P_{Mv} und P_{Ml} bestimmt) vorausgesetzt werden. Durch Entspannen der Druckfeder läßt sich der Sollwert X_k herabsetzen. Beim Ermitteln des Zeitverhaltens dieses Meßwerkes für Regler ohne Hilfsenergie muß die auftretende Massenkraft stets berücksichtigt werden, weil die auf die Bewegungsrichtung der Muffe reduzierte Masse m_r aller bei einer Muffenverstellung zu beschleunigenden Bauteile verhältnismäßig groß wird. Es gehören dazu dann außer den entsprechenden Massen des Meßwerkes auch die Massen aller bewegten Teile des Stellzeuges des Reglers und des Stellgliedes der Regelstrecke. Bei Störung des Vollast-Beharrungszustandes steigt zunächst bei unveränderter Muffenlage die Drehzahl an, so daß die auf die Muffe reduzierte Fliehkraft größer als die Rückstellkraft wird. Durch die positive Regelabweichung $x_w = x - x_k$ ergibt sich die freie Kraft $P(x, y_M = 0)$ (Abb. 6). Unter der Wirkung dieser Kraft ändert sich die Muffenlage und damit auch die Rückstellkraft. Die Differenz zwischen den Änderungen der Kraft P_M und der Rückstellkraft ist zur Beschleunigung der Masse m_r verfügbar, wenn alle geschwindigkeitsproportionalen Reibungskräfte vernachlässigt werden, die allerdings tatsächlich einen beträchtlichen Einfluß haben. Sie können jedoch jeweils nur für einen vorliegenden Einzelfall bestimmt werden. Bei ihrer Vernachlässigung wird das Zeitverhalten des Meßwerkes $T_M^2 \cdot \ddot{\bar{y}}_M(t) + \bar{x}_{PM} \cdot \bar{y}_M(t) = \bar{x}_w(t)$. Die Zeitkonstante T_M^2 ist dabei $T_M^2 = m_r \cdot y_{Mh}/2\, P_{Mv}$. Bei sinusförmiger Änderung der Eingangsgröße $\bar{x}_w$ ergibt sich der Frequenzgang zu $F_M = \frac{1}{\bar{x}_{PM} + T_M^2\,(i\,\omega^2)}$. Das Meßwerk ist ein P-Glied zweiter Ordnung, dessen Zeitverhalten durch eine lineare Differentialgleichung zweiter Ordnung angegeben wird. Da allerdings die mit der ersten Ableitung verbundene Zeitkonstante null ist, liegt das Glied an der Stabilitätsgrenze. Durch die bereits erwähnten geschwindigkeitsproportionalen Reibungskräfte verhält es sich tatsächlich aber stets stabil.

Wird das P-Meßwerk bei Reglern mit Hilfsenergie angewendet, so darf die Zeitkonstante T_M häufig hinreichend genau null gesetzt werden, weil die reduzierte Masse m_r der bei einer Muffenverstellung zu beschleunigenden Teile sehr klein ist und der Stellbereich y_{Mh} oft weniger als ein Millimeter beträgt. Bei kleinen geschwindigkeitsproportionalen und COULOMBschen Reibungskräften ist dann das Meßwerk ein P-Glied nullter Ordnung mit dem Frequenzgang $F_M = 1/\bar{x}_{PM}$.

In Abb. 7 sind noch drei P-Drehzahlmeßwerke vereinfacht dargestellt, die man vorwiegend bei Reglern mit Hilfsenergie anwendet. Wird — wie in Abb. 7.1 — die Muffe des

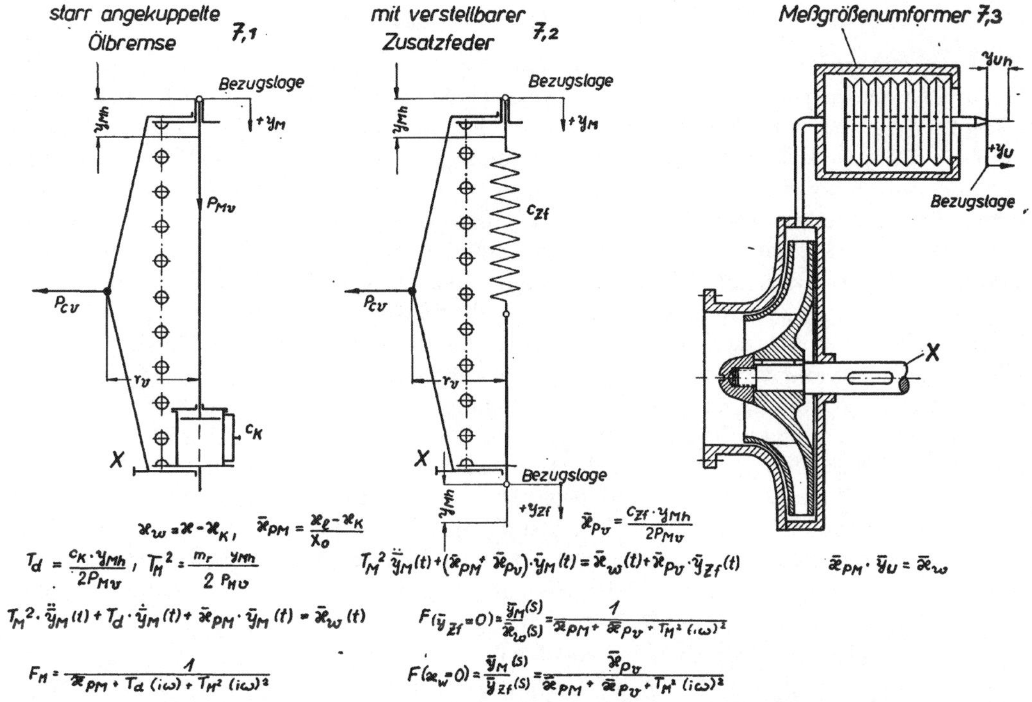

Abb. 7. P-Drehzahlmeßwerke mechanisch mit starr angekuppelter Ölbremse bzw. mit verstellbarer Zusatzfeder und hydraulisch mit Meßgrößen-Umformer

Meßwerkes starr mit dem Kolben in einem Ölbremszylinder verbunden, so kann die geschwindigkeitsproportionale Bremskraft durch Einstellen der Dämpfungskonstante c_K beliebig geändert werden. Mit der Zeitkonstante $T_d = c_K \cdot y_{Mh}/2\,P_{Mv}$ lassen sich für das Zeitverhalten die Differentialgleichung

$$T_M^2 \cdot \ddot{\bar{y}}_M(t) + T_d \cdot \dot{\bar{y}}_M(t) + \bar{x}_{PM} \cdot \bar{y}_M(t) = \bar{x}_w(t)$$

und der Frequenzgang

$$F_M = 1/[\bar{x}_{PM} + T_d(i\,\omega) + T_M^2(i\,\omega)^2]$$

anschreiben. Das Meßwerk ist *ohne* geschwindigkeitsproportionale Reibungskräfte ein stabiles P-Glied zweiter Ordnung, dessen Ortskurven allgemeingültig dargestellt werden können. Man teilt dazu die das Zeitverhalten beschreibende Differentialgleichung durch $\bar{x}_{PM}$, führt zur Abkürzung die neuen Zeitkonstanten des Meßwerkes $T_{2M}^2 = T_M^2/\bar{x}_{PM}$ und

$T_{1M} = T_d/\bar{x}_{PM}$ ein und sieht $x_w(t)/\bar{x}_{PM}$ als Eingangsgröße an. Die Differentialgleichung wird damit $T_{2M}^2 \ddot{\bar{y}}_M(t) + T_{1M}\dot{\bar{y}}_M(t) + \bar{y}_M(t) = \bar{x}_w(t)/\bar{x}_{PM}$ und der Frequenzgang $F_M = 1/[1 + T_{1M}(i\,\omega) + T_{2M}^2\,(i\,\omega)^2]$. Für die Frequenz $\omega = 0$ der Eingangsschwingung ist $F_M = 1$, d. h. alle Ortskurven beginnen im Punkt 1 auf der positiv reellen Achse. Jede Frequenz ω der Eingangsschwingung bezieht man auf die Eigenfrequenz des dämpfungslos gedachten Systems $T_{1M} = 0$; $\omega_0 = 1/T_{2M}$, die auch als Kennkreisfrequenz bezeichnet wird. Mit dem von LEHR eingeführten Dämpfungsgrad $D = T_{1M}/2\,T_{2M}$ erhält man folgende Schreibweisen der Differentialgleichung

$$(1/\omega_0)^2 \cdot \ddot{\bar{y}}_M(t) + (2\,D/\omega_0) \cdot \dot{\bar{y}}_M(t) + \bar{y}_M(t) = \bar{x}_W(t)/\bar{x}_{PM}$$

und des Frequenzganges

$$F_M = 1/[1 + 2\,D\,(\omega/\omega_0)\,i + (\omega/\omega_0)^2\,i^2]\,.$$

Die Stabilitätsgrenze mit harmonischen Schwingungen liegt bei $D = 0$ ($T_{1M} = 0$). Für jeden Dämpfungsgrad $D > 0$ läßt sich eine Ortskurve aufzeichnen. 8 Ortskurven für Dämpfungsgrade D zwischen 0,15 und ∞ sind in Abb. 8 dargestellt. Dabei ist als Beispiel für $D = 0{,}2$ und $\omega/\omega_0 = 0{,}8$ das Zeigerbild für das Nennerpolynom des Frequenzganges mit eingetragen worden. Wird die Zeitkonstante T_{2M} gegenüber der Zeitkonstante T_{1M} vernachlässigbar klein, so erhält man ein P-Glied erster Ordnung ($D = \infty$), für das die Ortskurve ein Halbkreis wird. Der Dämpfungsgrad $D = 1$ bzw. $T_{1M} = 2\,T_{2M}$ entspricht dem aperiodischen Grenzfall. Während der neue Beharrungszustand bei $D > 1$ durch eine kriechende Bewegung erreicht wird, treten bei $D < 1$ abklingende Schwingungen auf. Je kleiner der Dämpfungsgrad D wird, um so größere Amplituden ergeben sich für die Ausgangsschwingung. Wie aus der Schwingungslehre bekannt ist, eilt für $\omega/\omega_0 = 1$ bei allen Dämpfungsgraden die Ausgangsschwingung der Eingangsschwingung stets um genau 90° nach. Die Amplitude der Ausgangsgröße beträgt dabei das $1/2\,D$-fache der Eingangsamplitude, z.B. für den Dämpfungsgrad $D = 0{,}2$ ist die Amplitude $1/2 \cdot 0{,}2 = 2{,}5$.

Wenn das Verhältnis r der COULOMBschen Reibungskraft R zur Kraft $2\,P_{Mv} \cdot \bar{x}_{PM}$ beim P-Meßwerk zweiter Ordnung wesentlich kleiner als eins bleibt, läßt sich das Ortskurvenverfahren auch anwenden. Die Größe von r kann als konstant angesehen werden und ihr Vorzeichen (signum) ist durch das Vorzeichen der Stellgeschwindigkeit der Muffe bestimmt, weil die Reibungskraft stets entgegengesetzt gerichtet der Bewegungsrichtung der Muffe ist. Man schreibt deshalb die Differentialgleichung wie folgt:

$$(1/\omega_0)^2 \cdot \ddot{\bar{y}}_M(t) + (2\,D/\omega_0)\,\dot{\bar{y}}_M(t) + \bar{y}_M(t) + r(\text{sign}\,\dot{\bar{y}}_M) = \bar{x}_W(t)/\bar{x}_{PM}\,,$$

wobei wieder ω_0 die Kennkreisfrequenz des dämpfungslos und reibungslos bzw. D der Dämpfungsgrad des reibungslos gedachten Systems ist. Bis sich die Ausgangsgröße $\bar{y}_M$ zu ändern beginnt, muß sich die Eingangsgröße zunächst um r ändern, deshalb nennt man r den „Ansprechwert". Der Verlauf von r nach einer Rechteckfunktion darf bei hinreichend kleinem Ansprechwert r und ausreichend großen Eingangsfrequenzen ω durch die Grundschwingung der zugehörigen FOURIERzerlegung mit der Amplitude $4\,r/\pi$ ersetzt werden. Dann läßt sich auch diese Differentialgleichung — entsprechend Abb. 8 — als Zeigerbild in der GAUSSschen Zahlenebene darstellen. Zu dem Zeiger $2\,D\,(\omega/\omega_0) \cdot \bar{y}_{M0}$ tritt jeweils $4\,r/\pi$ hinzu. In Abb. 9 wurden 4 Ortskurven für den Dämpfungsgrad $D = 0{,}2$ und $4\,r/\pi$ zwischen 0 und 0,6 aufgezeichnet, wobei als Beispiel das Zeigerbild für $\omega/\omega_0 = 0{,}8$ und $4\,r/\pi = 0{,}2$ eingetragen wurde. Im Vergleich mit dem Vorgang ohne COULOMBsche Reibung sind die Nacheilwinkel φ bei $\omega/\omega_0 < 1$ größer, bei $\omega/\omega_0 > 1$ kleiner und die Amplituden stets kleiner. Für $\omega/\omega_0 = 1$ ($\varphi = 90°$) wird das Amplitudenverhältnis der Ausgangs- zur Eingangsschwingung $(1 - 4\,r/\pi)/2\,D$, z.B. für $D = 0{,}2$ und $4\,r/\pi = 0{,}4$ ist es 1,5. Für $r > 0$ beginnen die Ortskurven nicht im Punkte 1 auf der positiv reellen Achse, sondern

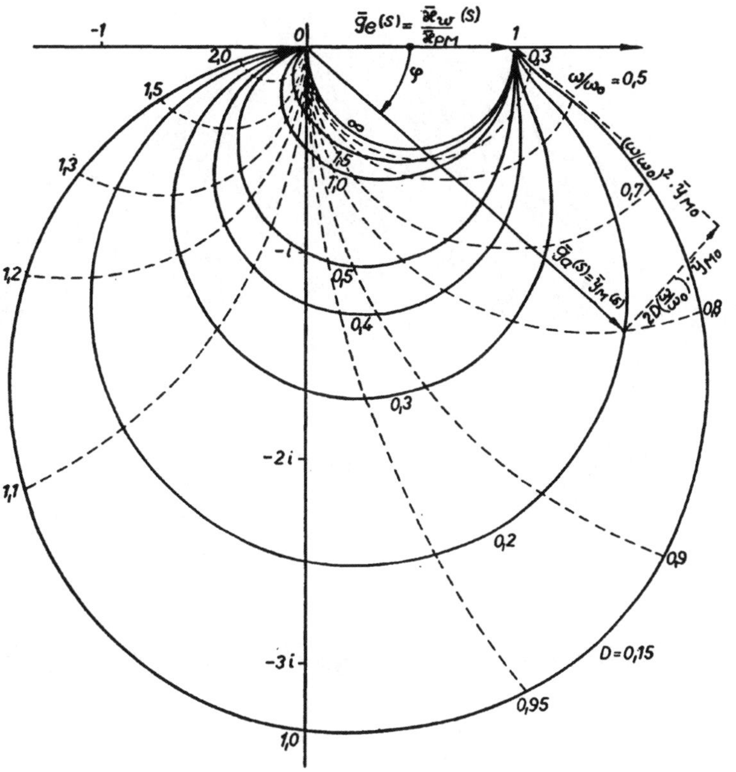

$$T_{2M}^2 \cdot \ddot{\bar{y}}_M(t) + T_{1M} \cdot \dot{\bar{y}}_M(t) + \bar{y}_M(t) = \frac{\mathfrak{x}_w(t)}{\mathfrak{x}_{PM}}$$

Kennkreisfrequenz: $\omega_0 = 1/T_{2M}$; **Dämpfungsgrad:** $D = T_{1M}/2T_{2M}$

$$\left(\frac{1}{\omega_0}\right)^2 \ddot{\bar{y}}_M(t) + \frac{2D}{\omega_0} \dot{\bar{y}}_M(t) + \bar{y}_M(t) = \frac{\mathfrak{x}_w(t)}{\mathfrak{x}_{PM}}$$

$$F_M = \frac{1}{1 + \frac{2D}{\omega_0}(i\omega) + \left(\frac{1}{\omega_0}\right)^2 (i\omega)^2}$$

Abb. 8. Ortskurven für P-Meßwerk 2. Ordnung für 8 Dämpfungsgrade zwischen 0,15 und unendlich

bereits bei der Frequenz null ist der nacheilende Phasenwinkel φ um so größer, je größer $4\,r/\pi$ wird (in Abb. 9 eingetragen $\varphi_{0,6}$ für $4\,r/\pi = 0,6$). Allerdings unterscheidet sich in dem — in Abb. 9 mit Schraffur versehenen — Gebiet die Kurvenform der Ausgangsschwingung stark von der Sinuslinie und es treten Haltepunkte auf, so daß dieser Teil der Ortskurven zur dynamischen Untersuchung von Regelungsvorgängen unbrauchbar ist.

Abb. 7.2 zeigt ein mechanisches P-Drehzahlmeßwerk mit verstellbarer Zusatzfeder. Bei der auf die Muffe des Meßwerkes wirkenden Zusatzfeder mit der Federhärte c_{Zf} wird die Lage des zweiten Federendes durch den von der Bezugslage aus gemessenen Weg y_{Zf} bestimmt. Wird über eine geeignete Rückführung y_{Zf} so geändert, daß in jeder Beharrungslage die von der Zusatzfeder auf die Muffe zusätzlich ausgeübte Rückstellkraft konstant bleibt, so stimmt der Stellbereich y_{Mh} zwischen Vollast- und Leerlauflage für y_M und y_{Zf} überein.

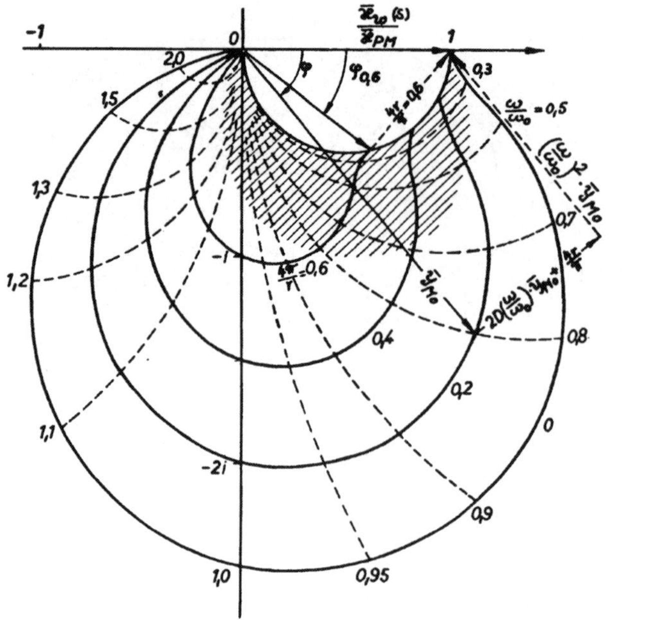

Coulombsche Reibungskraft R ; Ansprechwert $r = R/2P_{Mv} \cdot \bar{x}_{PM}$

$$T_{2M}^{2} \cdot \ddot{\bar{y}}_M(t) + T_{1M} \cdot \dot{\bar{y}}_M(t) + \bar{y}_M(t) + r\,(\text{sign}\ \dot{\bar{y}}_M) = \frac{\bar{x}_w(t)}{\bar{x}_{PM}}$$

Kennkreisfrequenz: $\omega_0 = 1/T_{2M}$; *Dämpfungsgrad:* $D = T_{1M}/2T_{2M}$

$$\left(\frac{1}{\omega_0}\right)^2 \ddot{\bar{y}}_M(t) + \left(\frac{2D}{\omega_0}\right) \dot{\bar{y}}_M(t) + \bar{y}_M(t) + r\,(\text{sign}\ \dot{\bar{y}}_M) = \frac{\bar{x}_w(t)}{\bar{x}_{PM}}$$

Abb. 9. Ortskurven für P-Meßwerk 2. Ordnung mit Dämpfungsgrad 0,20 und verschiedener Coulombscher Reibung

Es ergibt sich dann für den dynamischen Regelungsvorgang ein vorübergehender P-Bereich $\bar{x}_{Pv} = c_{Zf} \cdot y_{Mh}/2\,P_{Mv}$. Unter Vernachlässigung geschwindigkeitsproportionaler Reibungskräfte wird das Zeitverhalten durch folgende Differentialgleichung 2. Ordnung angegeben:

$$T_M^2 \cdot \ddot{\bar{y}}_M(t) + (\bar{x}_{PM} + \bar{x}_{Pv}) \cdot \bar{y}_M(t) = \bar{x}_w(t) + \bar{x}_{Pv} \cdot \bar{y}_{Zf}(t)\,.$$

Diese Gleichung läßt sich allgemein nur lösen, wenn man $\bar{y}_{Zf}$ entweder durch $\bar{x}_w$ oder durch $\bar{y}_M$ ausdrücken kann. Ist dies nicht der Fall, so muß man für das Meßwerk zwei Frequenzgänge angeben und zwar für $\bar{y}_{Zf} = 0$:

$$F_M\,(\bar{y}_{Zf} = 0) = \bar{y}_M(s)/\bar{x}_w(s) = 1/[\bar{x}_{PM} + \bar{x}_{Pv} + T_M^2\,(i\,\omega)^2]$$

und für $\bar{x}_w = 0$:

$$F_M(\bar{x}_w = 0) = \bar{y}_M(s)/\bar{y}_{Zf}(s) = \bar{x}_{Pv}/[\bar{x}_{PM} + \bar{x}_{Pv} + T_M^2(i\,\omega^2)]\,.$$

In Abb. 7.3 ist ein hydraulisches P-Drehzahlmeßwerk mit Meßgrößenumformer skizziert. Als Meßwerk dient eine Kreiselpumpe für Öl, bei der am Saugstutzen nahezu Atmosphärendruck herrscht und die im Beharrungszustand keinen Förderstrom zu liefern brauchte, sofern er nicht für andere Zwecke benötigt würde. Der Ölüberdruck am Druckstutzen ändert sich mit dem Quadrat der Drehzahl. Innerhalb eines hinreichend kleinen Bereiches ist diese Druckänderung als Ausgangsgröße des Meßwerkes y_M proportional der Änderung der Eingangsgröße x_w und folgt ihr ohne merkliche Zeitverzögerung, d. h. das Meßwerk kann als P-Glied nullter Ordnung betrachtet werden. Dies gilt auch für den Meßgrößen-Umformer, bei dem die Öldruckänderung auf einen Faltenbalg wirkt und ohne merkliche Zeitverzögerung am Ausgang des Umformers eine proportionale Wegänderung y_U hervorruft, wobei die algebraische Gleichung gilt

$$\bar{y}_U(t) = \bar{x}_w(t)/\bar{x}_{PMU}\,.$$

Das P-Drehzahlmeßwerk mit Meßgrößen-Umformer vom VEB Turbinen und Generatoren Berlin nach DWP 1500 für Dampfturbinen zeigt Abb. 10. Es ist nur *ein* Fliehgewicht (3) mit der Masse von 0,1 kg vorhanden, das im Bolzen (4) aufgehängt ist. Dieser Bolzen ist in einem auf der Turbinenwelle befestigtem Gehäuse (1) mit Gehäusedeckel (2) gelagert, er läuft daher mit der Wellendrehzahl um. Mit dem Fliehgewicht ist der Strahlabschneider, dessen Bewegung von der Bezugslage aus die Ausgangsgröße y_M des Meßwerkes ist, verschraubt. Die Rückstellkraft wird von der ebenfalls umlaufenden Reglerfeder (5) ausgeübt. Zur Sollwertänderung von 2770 bis 3060 U/min genügt eine Verschiebung des Federtellers um 1 mm, die von der Hülse (10) aus über eine umlaufende Hülse (8) und den Bügel (6) erfolgt. Der Weg des Strahlabschneiders von der Bezugslage (Vollast) bis zur Leerlauflage (Stellbereich y_{Mh}) beträgt etwa 0,5 mm. Das Meßwerk kann als P-Glied nullter Ordnung angesehen werden, d. h. es gilt die Beziehung $\bar{y}_M(t) = \bar{x}_w(t)/\bar{x}_{PM}$.

Im Meßgrößen-Umformer wird die Wegänderung in eine Öldruckänderung umgeformt. Der mit einer Bohrung versehene Strahlabschneider befindet sich in etwa 1,5 mm Abstand hinter der feststehenden Düse (11) für den Austritt des Drucköles und in etwa 0,5 mm Abstand vor der umlaufenden Fangdüse (12). Der Öldruck vor der feststehenden Düse wird durch ein Drosselventil auf konstanten Überdruck p_D (6—8 at) gedrosselt. Je größer dieser Überdruck ist, um so kleiner wird der Stellbereich y_{Mh} des Meßwerkes und damit auch sein P-Bereich x_{PM}, für den damit eine Verstellmöglichkeit vorhanden ist. Der sich im Beharrungszustand hinter der Fangdüse einstellende Ölüberdruck p_F, den man in der Praxis als „Impulsöldruck" bezeichnet, ist die Ausgangsgröße des Meßgrößen-Umformers. Die Abweichung vom Bezugswert bei Vollast, der 3,5 at Überdruck beträgt, soll mit y_U bezeichnet werden. Der dimensionslose Wert $\bar{y}_U$ wird auf den Druckunterschied im Beharrungszustand bei Leerlauf p_{Fl} und bei Vollast p_{Fo} bezogen, d. h.

$$\bar{y}_U = (p_F - p_{Fo})/(p_{Fl} - p_{Fo})\,.$$

Bei konstantem Überdruck p_D hängt der Überdruck p_F ab von dem — durch die Stellung des Strahlabschneiders bestimmten — Verhältnis der Flächenanteile der Fangdüse, durch die Drucköl aus der Düse (11) in die Fangdüse (12) eintreten und durch die Öl mit dem Überdruck p_F in die Umgebung abströmen kann. Für den Beharrungszustand läßt sich der Ölüberdruck p_F sowohl messen als auch unter vereinfachenden Annahmen berechnen. Bei entsprechender Auslegung ergab sich nach beiden Methoden im Bereich zwischen Vollast und Leerlauf ein linearer Zusammenhang zwischen Ein- und Ausgangsgröße, so daß auch der Meßgrößen-Umformer als P-Glied nullter Ordnung mit dem Frequenzgang 1 angesehen werden darf. Bei einem Ölüberdruck p_F von 2 at sind alle Regelventile der Turbine bereits vollständig geschlossen. Beim weiteren Absinken des Öldruckes wird die Turbine vom Netz abgeschaltet, um sie vor Schaden bei Ausfall der Schmierölversorgung zu bewahren.

Jetzt sollen einige Leistungsverstärker für Kraftmaschinen-Drehzahlregler mit Hilfsenergie behandelt werden. Wie bereits erwähnt wurde, verwendet man bisher fast aus-

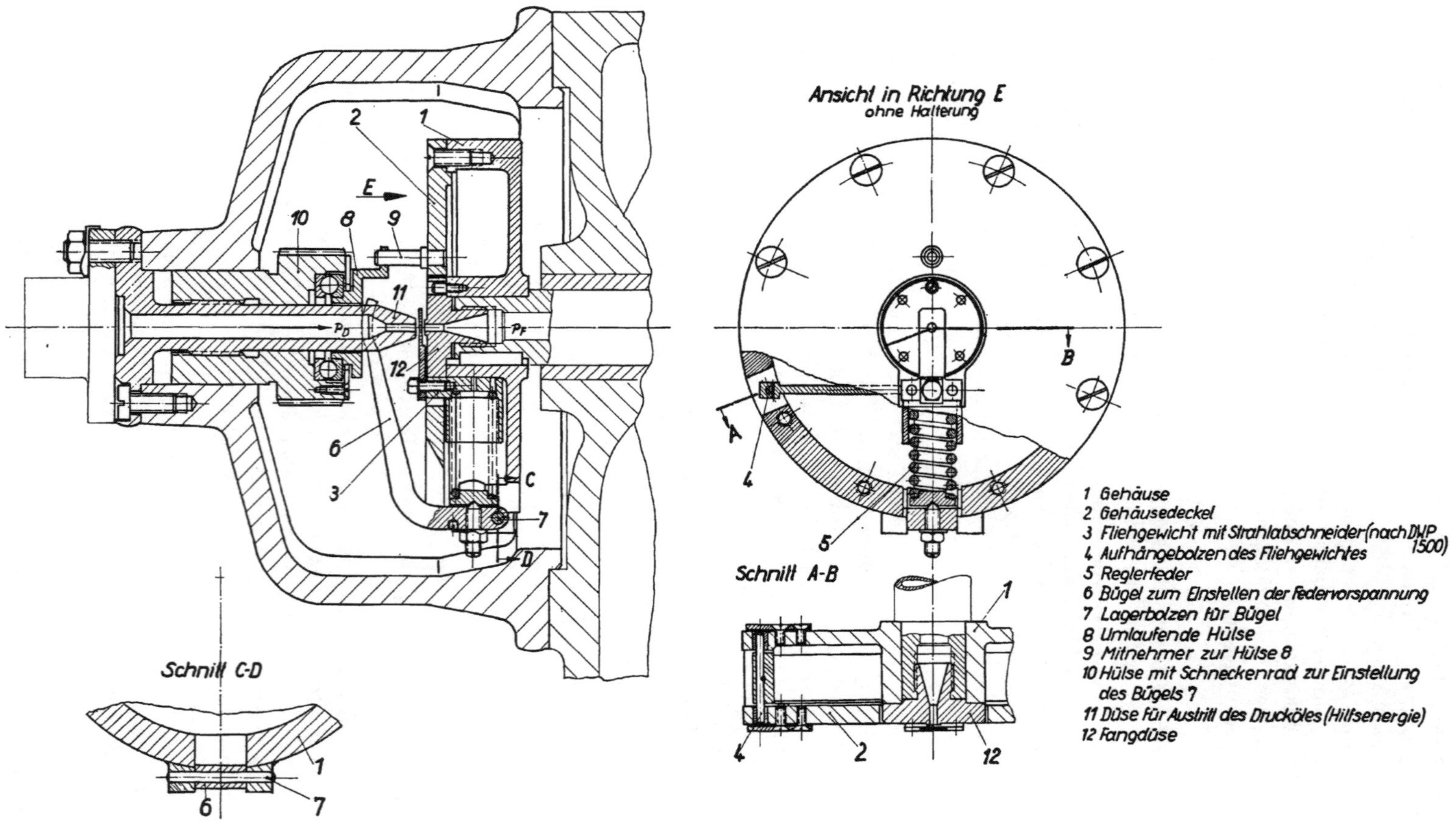

Abb. 10. P-Drehzahlmeßwerk mit Meßgrößen-Umformer für Dampfturbinen VEB Turbinen und Generatoren Berlin

schließlich hydraulische Leistungsverstärker, die mit Drucköl zwischen 5 und 15 at Überdruck arbeiten. Sie bestehen stets aus einem Kraftschalter (früher Steuerschieber genannt) und einem Stellmotor (früher als Servo- oder Hilfsmotor bezeichnet). Für große Dampf- und Wasserturbinen werden mehrere Leistungsverstärker hintereinander geschaltet.

Der in Abb. 11 skizzierte einstufige Leistungsverstärker wird nicht nur bei Kraftmaschinenreglern, sondern auch im großen Umfange schon lange auf den verschiedensten Gebieten eingesetzt. Der Kraftschalter ist als Strahlrohr (1) (in der Praxis häufig als Askaniarohr be-

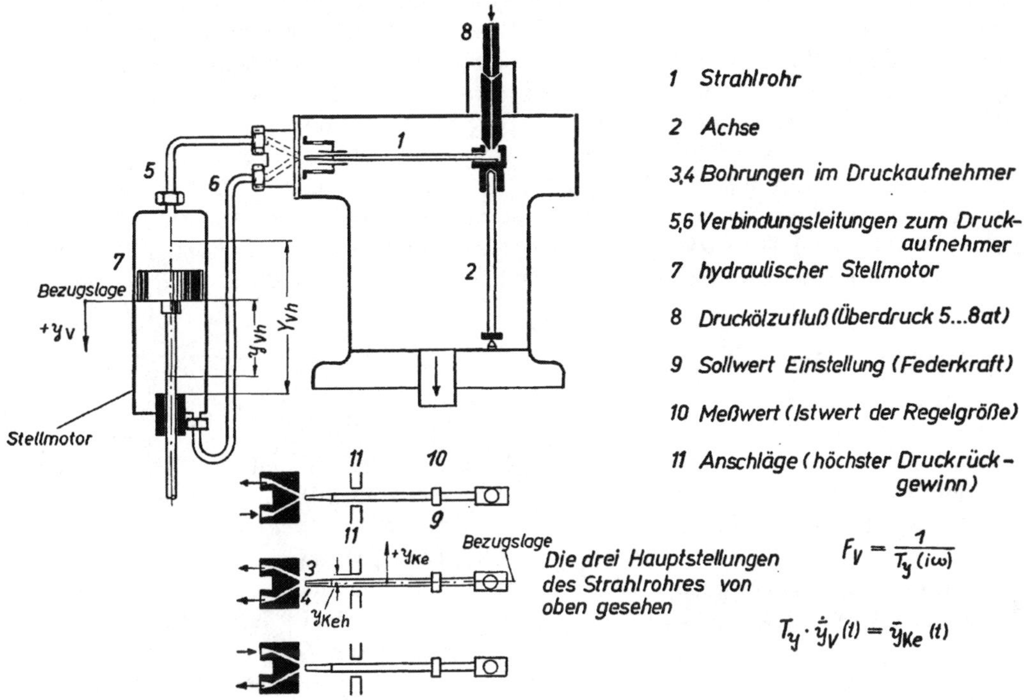

Abb. 11. *I*-Leistungsverstärker mit doppeltwirkendem Stellmotor und Strahlrohr-Kraftschalter

zeichnet) ausgebildet, das in seiner Achse (2) sehr leicht beweglich gelagert ist. Durch dieses Strahlrohr fließt ständig ein gleichbleibender Druckölstrom. Im Beharrungszustand — unabhängig von der vorhandenen Belastung der Kraftmaschine — befindet sich das Strahlrohr stets in der Mittellage, die damit die Bezugslage ist, von der aus man die Eingangsgröße y_{K_e} als Weg angibt. Bei $y_{K_e} = 0$ werden für die beiden Arbeitsräume des doppeltwirkenden Stellmotors (7) gleiche Zu- und Abflußquerschnitte an den Bohrungen (3) und (4) des Druckaufnehmers freigegeben und der Stellkolben selbst ändert seine Lage nicht. Für ihn ist die Vollastlage die Bezugslage, von der aus man seine Ausgangsgröße y_V als Weg angibt. Sobald der Beharrungszustand gestört wird, lenkt das Meßglied bzw. der Meßgrößen-Umformer an der Stelle (10) das Strahlrohr aus seiner Mittellage um y_{K_e} aus, so daß auf einer Kolbenseite mehr Drucköl in den Zylinderraum des Stellmotors zuströmt und gleichzeitig ihr Abfluß geringer wird, während auf der anderen Kolbenseite die Verhältnisse umgekehrt sind. Der Stellkolben bewegt sich dadurch so lange mit einer bestimmten Stellgeschwindigkeit $\dot{y}_V$, bis die Eingangsgröße y_{K_e} wieder null ist. Die maximale Auslenkung des Strahlrohres aus der Mittellage entspricht dem Stellbereich $y_{K_{eh}}$ der Eingangsgröße des Kraftschalters (vgl. Abb. 11). Seine Ausgangsgröße y_K, die Änderung der Durchflußströme durch die Bohrungen (3,4) im Druckaufnehmer, folgt verzögerungsarm der Eingangsgröße, so daß der Kraftschalter ein P-Glied nullter Ordnung ist. Bei der maximalen Auslenkung wird die größte Stellgeschwindigkeit $\dot{y}_{V-\max}$ erreicht. Da die Eingangsgröße y_{Ke} jedoch von der Regelabweichung x_w her gesteuert wird, so kann der Stellgeschwindigkeitsbereich der Ausgangsgröße $\dot{y}_V$ in Einheiten der Regelabweichung x_w ausgedrückt werden. Man versteht unter dem Laufbereich X_h (früher Steuerbereich genannt) nach DIN 19226 die Hälfte des Bereiches, den die Regelabweichung x_w durchlaufen muß, um die Stellgeschwindigkeit $\dot{y}_V$ von ihrem größten Wert in der einen Richtung bis zu ihrem größten Wert in der anderen Richtung zu ändern. Die Stellzeit T_y des Stellmotors (früher als Schluß- oder Schließzeit bezeichnet) ist die Zeit, in der der Gesamtstellbereich Y_{Vh} bei größtmöglicher Stellgeschwindigkeit durchlaufen wird. Für Kraftmaschinenregler bezieht man aber die Stellzeit T_y zweckmäßiger auf den kleineren Stellbereich y_{Vh} zwischen Vollast und Leerlauflage. Bei Drehzahlreglern für Dampfturbinen verwendet man Stellzeiten, die etwa 10% der Anlaufzeit T_a betragen, d. h. 0,3—1,0 Sekunde. Bei Reibungsfreiheit und Linearisierung wird die Stellgeschwindigkeit proportional dem Unterschied zwischen der Änderung des Zuflußstromes und der Änderung des Abflußstromes für jede Kolbenseite des Stellzylinderraumes. Für das Zeitverhalten von Kraftschalter und Stellmotor gilt die Differentialgleichung

$$T_y \cdot \dot{\bar{y}}_V(t) = \bar{y}_{Ke}(t)\,.$$

Der Frequenzgang wird

$$F_V = \frac{1}{T_y\,(i\,\omega)}\,.$$

Der Leistungsverstärker mit Strahlrohr-Kraftschalter ist damit ein I-Glied 1. Ordnung. Dies gilt auch für alle im folgenden besprochenen Ausführungen, bei denen der Kraftschalter als Kolbenschieber ausgebildet ist.

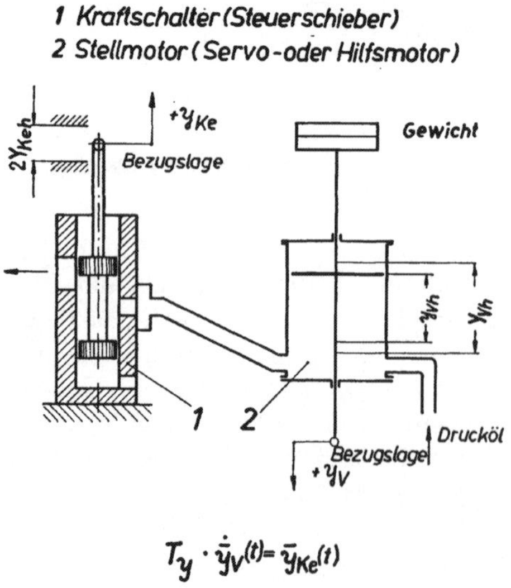

Abb. 12. I-Leistungsverstärker mit einfachwirkendem Stellmotor und Kraftschalter im Druckölabfluß

Abb. 12 zeigt einen einfachwirkenden Stellmotor, bei dem der Druckölstrom nur dem Zylinderraum einer Kolbenseite zugeführt wird, während die Gegenkraft auf die andere Kolbenseite durch ein Gewicht oder eine sehr weiche Feder ausgeübt wird. Der Kraftschalter ist im Abfluß des Druckölstromes angeordnet. In der — im Beharrungszustand für alle Belastungen der Kraftmaschine gleichen — Bezugslage (Mittellage) des Kolbenschiebers des Kraftschalters wird die Hälfte des Abflußquerschnittes durch den Kolbenschieber abgedeckt. Bei positiven Abweichungen y_{Ke} von der Mittellage wird der Abflußquerschnitt vergrößert, wobei sich der Kolben des Stellmotors mit einer durch y_{Ke} bestimmten Stellgeschwindigkeit $\dot{y}_V$ nach unten bewegt, bis wieder $y_{Ke} = 0$ ist. Genau wie beim Strahlrohr-Kraftschalter wird für den Betrieb auch im Beharrungszustand stets ein konstanter Druckölstrom benötigt. Um diesen wenigstens im Beharrungszustand auf ein Minimum herabzusetzen, muß der Kraftschalter im Zufluß des Druckölstromes zum Stellmotor angeordnet werden, wie dies in den nächsten zwei Ausführungen der Fall ist. Bei Abb. 13.1 ist ein einfachwirkender, bei Abb. 13.2 ein doppeltwirkender Stellmotor vorgesehen. Bei allen einfachwirkenden Stellmotoren wird beim Ausbleiben des Druckölstromes durch die Gewichts- oder Federkraft der Stellkolben bis zu *dem* Anschlag bewegt, bei dem keine Energiezufuhr (Dampf, Kraftstoff, Wasser) zur Kraftmaschine mehr erfolgt. Bei der Ausführung nach Abb. 13.2 ist für

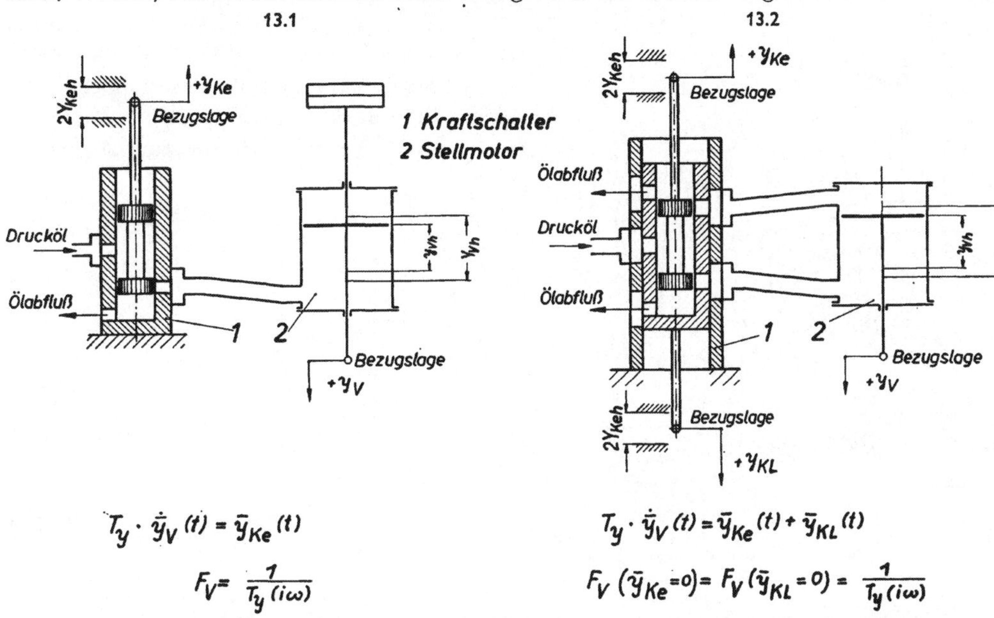

Abb. 13. *I*-Leistungsverstärker mit Stellmotor und Kraftschalter im Druckölzufluß

den Kolbenschieber des Kraftschalters eine verstellbare Laufbüchse vorhanden. Nur bei Vollast der Kraftmaschine befinden sich im Beharrungszustand diese beiden Teile stets in ihrer Bezugslage. Die positive Richtung des von der Bezugslage aus gemessenen Weges y_{KL} der Laufbüchse wird so gewählt, daß ein positiver y_{KL}-Wert die gleiche Wirkung wie ein positiver y_{Ke}-Wert hat. Für das Zeitverhalten dieses Leistungsverstärkers gilt die Differentialgleichung

$$T_y \cdot \dot{\bar{y}}_V(t) = \bar{y}_{Ke}(t) + \bar{y}_{KL}(t) .$$

Sie läßt sich nur allgemein lösen, wenn $\bar{y}_{KL}$ durch $\bar{y}_{Ke}$ oder $\bar{y}_V$ ausgedrückt werden kann. Ist dies nicht der Fall, so lassen sich die Frequenzgänge nur für $\bar{y}_{KL} = 0$ und $\bar{y}_{Ke} = 0$ angeben. Es gilt dabei

$$F_V(\bar{y}_{Ke} = 0) = F_V(\bar{y}_{KL} = 0) = 1/T_y(i\,\omega) .$$

Wird bei dem einfachwirkenden Stellmotor nach Abb. 12 statt des Gewichtes eine Feder mit großer Federhärte c_F verwendet, so ändert sich der Öldruck im Stellzylinder mit der Lage des Stellkolbens. Damit hängt im Beharrungszustand der Öldurchflußstrom nicht mehr nur von der Lage y_{Ke} des Kraftschalters, sondern auch von der Lage des Stellkolbens ab. Die Bezugslage ($y_{Ke} = 0$) des Kraftschalters gilt nur noch für den Beharrungszustand bei Vollast. Im Beharrungszustand im Leerlauf ist der Abflußquerschnitt größer, $y_{Kel} = y_{Keh}$ bzw. $\bar{y}_{Kel} = y_{Kel}/y_{Keh} = 1$. Der Leistungsverstärker hat ein proportional wirkendes Verhalten, das hinreichend genau durch den Frequenzgang $F_V = 1/(1 + T_y\, i\, \omega)$ bzw. die Differentialgleichung

$$T_y \cdot \dot{\bar{y}}_v(t) + \bar{y}_v(t) = \bar{y}_{Ke}(t)$$

angegeben werden kann (*P*-Glied erster Ordnung).

Nachdem einige kennzeichnende Bauelemente der Regler behandelt wurden, soll die Konstruktion eines P-Fliehkraftreglers ohne Hilfsenergie für Einspritzpumpen von Dieselmotoren etwas eingehender besprochen werden. Abb. 14 ist nach einem Prospekt vom April 1956 der Firma Robert Bosch, Stuttgart angefertigt worden. Der Sollwert der Drehzahl läßt sich zwischen der Leerlaufdrehzahl und 2000 U/min der Pumpe auf jeden beliebigen Wert einstellen. Man bezeichnet deshalb diese Regler in der Praxis als „Verstellregler". Im Stillstand kann der P-Bereich X_P innerhalb — allerdings nur geringer — Grenzen geändert werden.[1])

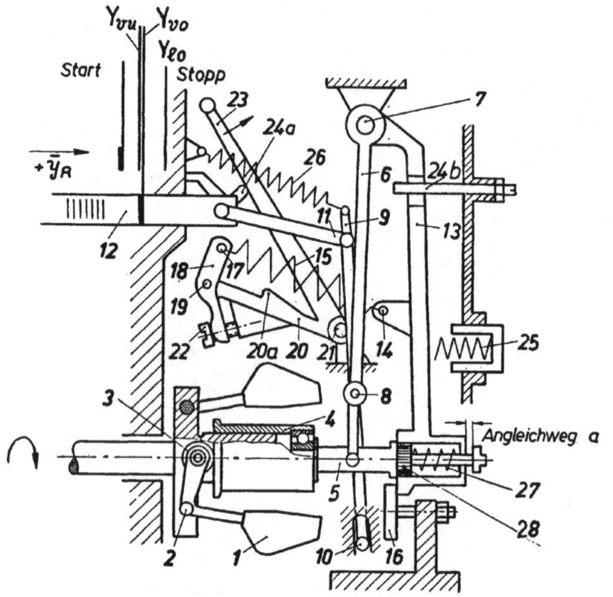

Abb. 14.1 P-Drehzahlregler für Einspritzpumpen von Dieselmotoren mit großer Sollwertverstellung

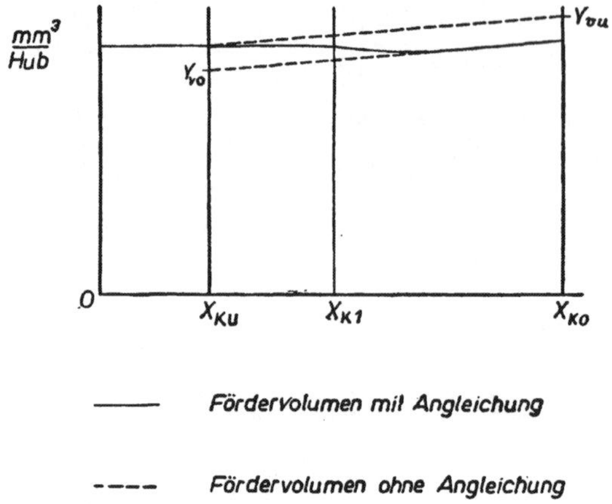

Abb. 14.2

Der Regler ist unmittelbar mit der Einspritzpumpe zusammengebaut. Bei sehr niedrigen Betriebsdrehzahlen der Dieselmotoren, z. B. bei ihrem Einsatz als Bootsmotoren, ist zwischen der Nockenwelle der Einspritzpumpe und dem Drehzahlmeßwerk ein Übersetzungsgetriebe 1/3 ins Schnelle eingebaut. In allen anderen Fällen wird die Nabe für die zwei Schwungpendel (1) unmittelbar auf der Nockenwelle der Einspritzpumpe angeordnet. Für höhere Betriebsdrehzahlen können abgestuft leichtere Schwungpendel eingebaut werden. Sie sind in Bolzen (2) schwenkbar aufgehängt und drücken mit — in den Enden ihrer Winkelarme gelagerten — Rollen (3) auf die Schulter der Führungsbüchse (4). Diese Führungsbüchse läuft frei mit der Nabe um, ist aber mit dem Verstellbolzen (5) über ein Kugellager axial fest verbunden. Der Verstellbolzen kann nur in Axialrichtung hin und her schwingen, weil er über ein Gelenk mit dem Führungshebel (6) gekoppelt ist. Dieser Führungshebel ist zusammen mit dem Spannhebel (13) im Bolzen (7) aufgehängt. Im Führungshebel ist außerdem der Bolzen (8) angeordnet, in dem der Regelhebel (9) schwenkbar befestigt ist. An seinem unteren Ende befindet sich ein Zapfen (10), der in einem Schlitz geführt wird. Durch die Lasche (11) ist der Regelhebel mit der Regelstange (12) der Einspritzpumpe verbunden. Die Regelstange ist das Stellglied der Regelstrecke. Durch die Reglerfeder (15) und im geringen Maße durch die Angleich-Druckfeder (27) und das Gewicht der Schwungpendel werden die Rückstellkräfte erzeugt. Die Reglerfeder (15) ist am Punkt (14) der Lasche des Spannhebels (13) eingehängt. Durch die Federkraft wird der Spann-

[1]) Nur durch den Einbau von Reglerfedern (15) mit verschiedener Federhärte ist eine größere Änderung des P-Bereiches möglich.

hebel gegen den Vollastanschlag (16) für den oberen Drehzahlbereich gedrückt. Das feste Federende der Reglerfeder ist im Punkt (17) einer Wippe (18) eingehängt. Diese Wippe ist im Bolzen (19) des Schwenkhebels (20) gelagert. Die Vorspannung der Reglerfeder läßt sich durch Verstellen der in der Wippe befindlichen Schlitzschraube (22) ändern. Das im Gehäusedeckel befindliche Lager (21) für den Schwenkhebel ist gegenüber dem Einhängepunkt der Reglerfeder im Spannhebel etwas versetzt. Zur Sollwertverstellung der Drehzahl wird der Schwenkhebel durch den Verstellhebel (23) bestätigt. Bei der oberen Vollastdrehzahl X_{Ko} (Abb. 2) liegt der Sollwertverstellhebel am Anschlag (24a) an. Für diese Sollwerteinstellung ist die obere Beharrungskennlinie maßgebend.

Beim Auftreten von Störgrößen, z.B. Entlastung des Motors, steigt die Drehzahl, die auf die Bewegungsrichtung der Führungsbüchse (4) bezogene Fliehkraft P_M wird größer als die Summe aller Rückstellkräfte, so daß sich der Verstellbolzen (5) und der Spannhebel (13) vom Vollastanschlag (16) aus nach rechts bewegen. Damit wird über den Bolzen (8), den Regelhebel (9) und die Lasche (11) die Regelstange (12) in Richtung Y_{lo} bewegt. Ehe der Spannhebel (13) die Y_{lo} entsprechende Lage erreicht, liegt er an der Leerlaufzusatzfeder (25) an. Diese Feder ist allerdings so schwach daß ihre Zusatzkraft im oberen Drehzahlbereich nur einen vernachlässigbar kleinen Einfluß ausübt.

Beim Erhöhen der Belastung des Motors sinkt die Drehzahl. Trotz des Kraftunterschiedes zwischen der auf die Bewegungsrichtung der Führungsbüchse (4) bezogenen Fliehkraft P_M und der Summe der Rückstellkräfte ändert sich zunächst die durch den Vollast-Anschlag (16) bestimmte Lage des Verstellbolzens (5) nicht, bis die Drehzahl so weit abgesunken ist, daß P_M im Gleichgewicht mit der Summe der Rückstellkräfte ist, die nur durch die Gewichte der Schwungpendel (1) und die Angleich-Druckfeder hervorgerufen werden. Die Vorspannung dieser Feder läßt sich durch Beilage von Scheiben vergrößern. Die Rückstellkraft der Reglerfeder (15) verursacht in diesem Falle am Vollast-Anschlag (16) nur eine entsprechende Flächenpressung. Beim weiteren Absinken der Drehzahl wird durch die Angleich-Druckfeder der Verstellbolzen (5) von seinem Anschlag am Spannhebel (13) aus nach links bewegt, während der Spannhebel selbst in seiner Lage am Vollast-Anschlag (16) verbleibt. Damit wird über den Bolzen (8), den Regelhebel (9) und die Lasche (11) die Regelstange (12) in Richtung Y_{vu} verstellt und das je Pumpenstempelhub geförderte Brennstoffvolumen vergrößert, allerdings nur um einen Betrag, den der Motor verträgt, ohne unzulässig stark zu rußen. Der bei der unteren Vollast-Drehzahl X_{Ku} zweckmäßige Regelstangenweg Y_{vu} ist durch den Angleichweg a (vgl. Abb. 14), der durch eine Anschlagscheibe eingestellt werden kann bestimmt. Die Änderung des Fördervolumens der Einspritzpumpe *ohne* Angleichung ($a = 0$) in Abhängigkeit von der Drehzahl zwischen X_{Ku} und X_{Ko} ist gestrichelt in Abb. 14.2 für Y_{vo} bzw. Y_{vu} mit dargestellt. Bei der Einstellung Y_{vo} erreicht der Motor im unteren Drehzahlbereich nicht das maximal mögliche Drehmoment infolge zu geringer Brennstoffzufuhr, bei der Einstellung Y_{vu} rußt der Motor im oberen Drehzahlbereich infolge zu großer Brennstoffzufuhr. Mit Angleichung lassen sich im ganzen Drehzahlbereich optimale Verhältnisse bei Vollast erreichen.

Bei Bewegung des Sollwertverstellhebels (23) in Pfeilrichtung (Abb. 14.1) werden die Kräfte und die wirksamen Hebelarme der Reglerfeder (15) in Bezug auf den Aufhängepunkt (7) des Spannhebels kleiner, und damit auch die Summe der Rückstellkräfte, die daher im Beharrungszustand bei Vollast bereits bei entsprechend geringerer Motordrehzahl mit der Kraft P_M im Gleichgewicht ist. Beim Einstellen einer mittleren Sollwertdrehzahl X_{K1} am Verstellhebel (23) wird bei der Vollastdrehzahl die Angleichdruckfeder (27) durch die Fliehkraft bereits etwas zusammengedrückt sein und bei einer weiteren Drehzahlsteigerung bei Entlastung der Verstellbolzen (5) — wie bei der oberen Sollwertdrehzahl — gegen den

Spannhebel (13) drücken und ihn nach rechts bewegen. Bei der Sollwertdrehzahl X_{Ku} liegt die Reglerfeder (15) fast unter dem Aufhängepunkt (7) des Spannhebels und hat sehr geringe Wirkung. Bei Bewegung des Sollwertverstellhebels von Leerlauf nach Stopp bis zum Anschlag (24b) drückt die Schwenkhebelnase (20a) unmittelbar auf den Führungshebel (6) und verschiebt diesen und damit über den Bolzen (8) auch den Regelhebel (9) und die Regelstange (12) in die Stopplage. Schon von Regelstangenlagen zwischen Leerlauf und Stopp an fördert die Einspritzpumpe keinen Brennstoff mehr. In der Stopplage werden die Fliehgewichte über den Verstellbolzen (5) und die Führungsbüchse (4) in ihre äußerste Grenzlage verschoben.

Man verwendet auch Reglerkonstruktionen, bei denen der Anschlag (24b) für den Sollwertverstellhebel (23) dem unteren Sollwert der Drehzahl X_{Ku} entspricht. Dann ist eine besondere Abstellvorrichtung nötig, die auf den Zapfen (10) des Regelhebels (9) einwirkt. Um beim Anlassen des Motors ein besonders großes Fördervolumen der Einspritzpumpe zu erreichen, ist am oberen Ende des Regelhebels (9) noch eine schwache Zugfeder (26) angebracht, die bei Sollwerteinstellung auf X_{Ko} (Anschlag 24a) den Bolzen (8) und den Verstellbolzen (5) so weit nach links bewegt, bis die Schwungpendel (1) an der Führungsbüchse (4) anliegen. Der entsprechende Regelstangenweg entspricht dann der Anlaßfüllung (Start). Zwischen dem Verstellbolzen (5) und dem in seiner linken Grenzlage befindlichen Angleichkolben (28) ist dabei ein Abstand vorhanden. Die Anlaßfeder (26) wirkt nur bei Drehzahlen, die unter der Leerlaufdrehzahl liegen.

Da dieser P-Regler ohne Hilfsenergie außer dem P-Drehzahlmeßwerk nur starre Gestänge enthält, läßt sich sein Zeitverhalten durch eine Differentialgleichung 2. Ordnung angeben, für die Ortskurven nach Abb. 8 und 9 bereits besprochen wurden. Es soll nunmehr das Zeitverhalten für einen P-Drehzahlregler mit Hilfsenergie ermittelt werden, der sich aus schon vorstehend behandelten Einzelgliedern zusammensetzt. In Abb. 15 wurde das Blockschaltbild des in Abb. 1 mit gezeigten Dampfturbinenreglers aufgezeichnet. Das Zeitverhalten für jedes Einzelglied ist angegeben durch die Differentialgleichung, die Sprungfunktion und den Frequenzgang. Das Zeitverhalten des gesamten Reglers läßt sich mit den — von Ingenieuren des Maschinenbaues bisher noch wenig verwendeten — Frequenzgängen der Einzelglieder leicht ableiten. Die Eingangsschwingung in das Meßwerk soll — wie bereits erwähnt — $\bar{x}_w(s)/\bar{x}_P$ sein. Dann sind die Frequenzgänge des Reglers $F_R = \frac{\bar{y}_R(s)}{\bar{x}_w(s)/\bar{x}_P}$; des Meßwerkes $F_M = \frac{\bar{y}_M(s)}{\bar{x}_w(s)/\bar{x}_P}$; des Meßgrößen-Umformers $F_U = \bar{y}_U(s)/\bar{y}_M(s)$; des Stellmotors 2 $F_{V2} = \bar{y}_{V2}(s)/[\bar{y}_U(s) - \bar{y}_r(s)]$; des Kraftschalters $F_K = \bar{y}_K(s)/\bar{y}_{V2}(s)$; des Stellmotors 1 $F_{V1} = \bar{y}_R(s)/\bar{y}_K(s)$ und der starren Rückführung $F_r = \bar{y}_r(s)/\bar{y}_R(s) = 1$. Unter Verwendung dieser Beziehungen erhält man

$$F_R = \frac{\bar{y}_R(s)}{\bar{x}_w(s)/\bar{x}_P} = \frac{F_{V1} \cdot F_K \cdot F_{V2}\,[\bar{y}_U(s) - \bar{y}_r(s)]}{\bar{y}_U(s)/F_M \cdot F_U},$$

$$F_R = F_M \cdot F_U \cdot F_{V2} \cdot F_K \cdot F_{V1}\,[1 - F_r \cdot \bar{y}_R(s)/\bar{y}_U(s)],$$

$$F_R = F_M \cdot F_U \cdot F_{V2} \cdot F_K \cdot F_{V1}\left[1 - \frac{F_r \cdot F_R}{F_M \cdot F_U}\right].$$

Ohne Rückführung ($F_r = 0$) ergibt sich allgemein der Frequenzgang beim Hintereinanderschalten (Reihenschaltung) von Einzelgliedern durch Multiplikation der einzelnen Frequenzgänge.

Für starre Rückführung ($F_r = 1$) wird

$$F_R = F_M \cdot F_U \cdot F_{V2} \cdot F_K \cdot F_{V1}\,[1 - F_R/F_M \cdot F_U],$$

$$F_R = \frac{F_M \cdot F_U \cdot F_{V2} \cdot F_K \cdot F_{V1}}{1 + F_{V2} \cdot F_K \cdot F_{V1}}.$$

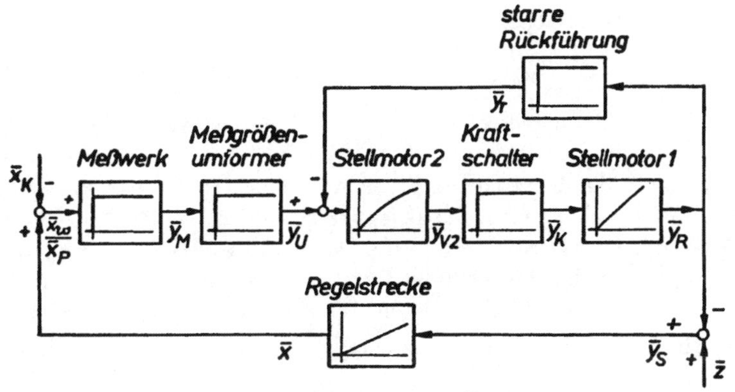

Meßwerk	$\bar{y}_M(t) = \frac{\bar{x}_w(t)}{\bar{x}_P}$	$F_M = \frac{\bar{y}_M(s)}{\bar{x}_w(s)/\bar{x}_P} = 1$
Meßgrößen-umformer	$\bar{y}_U(t) = \bar{y}_M(t)$	$F_U = \frac{\bar{y}_U(s)}{\bar{y}_M(s)} = 1$
Stellmotor 2	$T_{y2}\dot{\bar{y}}_{V2}(t) + \bar{y}_{V2}(t) = \bar{y}_U(t) - \bar{y}_r(t)$	$F_{V2} = \frac{\bar{y}_{V2}(s)}{\bar{y}_U(s) - \bar{y}_r(s)} = \frac{1}{1 + T_{y2}(i\omega)}$
Kraft-schalter	$\bar{y}_K(t) = \bar{y}_{V2}(t)$	$F_K = \frac{\bar{y}_K(s)}{\bar{y}_{V2}(s)} = 1$
Stellmotor 1	$T_{y1}\dot{\bar{y}}_R(t) = \bar{y}_K(t)$	$F_{V1} = \frac{\bar{y}_R(s)}{\bar{y}_K(s)} = \frac{1}{T_{y1}(i\omega)}$
starre Rückführung	$\bar{y}_r(t) = \bar{y}_R(t)$	$F_r = \frac{\bar{y}_r(s)}{\bar{y}_R(s)} = 1$

Allgemein ist:

$$F_R = \frac{\bar{y}_R(s)}{\bar{x}_w(s)/\bar{x}_P} = \frac{F_{V1}\, F_K\, F_{V2}[\bar{y}_U(s) - \bar{y}_r(s)]}{y_U(s)/F_M\, F_U} = F_M F_U F_{V2} F_K F_{V1}\left[1 - \frac{F_r\, F_R}{F_M\, F_U}\right]$$

mit starrer Rückführung: $F_r = 1$

$$F_R = \frac{F_M\, F_U\, F_{V2}\, F_K\, F_{V1}}{1 + F_{V2}\, F_K\, F_{V1}}$$

und für den Sonderfall: $F_M = F_U = F_K = 1$

$$F_R = \frac{1}{\frac{1}{F_{V1}\, F_{V2}} + 1} = \frac{1}{1 + T_{y1}(i\omega)[1 + T_{y2}(i\omega)]} = \frac{1}{1 + T_{y1}(i\omega) + T_{y1}\, T_{y2}(i\omega)^2}$$

Abb. 15. Blockschaltbild des Dampfturbinenreglers mit Hilfsenergie nach Abb. 1

Das Meßwerk, der Meßgrößen-Umformer, der in diesem Falle der Kraftschalter für den Stellmotor 2 ist, und der Kraftschalter für den Stellmotor 1 sind hinreichend genau verzögerungsarme P-Glieder mit dem Frequenzgang 1. Der doppeltwirkende Stellmotor 1 kann als I-Glied erster Ordnung mit dem Frequenzgang $1/T_{y1}\, i\,\omega$ und der einfachwirkende Stellmotor 2 mit harter Feder als P-Glied erster Ordnung mit dem Frequenzgang $1/(1 + T_{y2}\, i\, \omega)$ angesehen werden. Durch Einsetzen dieser Werte in vorstehende Beziehung wird der Frequenzgang des Reglers

$$F_R = \frac{1}{\frac{1}{F_{V2} \cdot F_{V1}} + 1} = \frac{1}{1 + T_{y1}\,(i\,\omega) + T_{y1} \cdot T_{y2}\,(i\,\omega)^2},$$

dem die folgende Differentialgleichung entspricht

$$T_{y1} \cdot T_{y2} \cdot \ddot{\bar{y}}_R(t) + T_{y1} \cdot \dot{\bar{y}}_R(t) + \bar{y}_R(t) = \frac{x_w(t)}{\bar{x}_p}.$$

Genau wie der Regler ohne Hilfsenergie nach Abb. 14 ist auch dieser Regler mit Hilfsenergie ein P-Regler zweiter Ordnung. Trotz der völlig verschiedenen gerätetechnischen Ausführung ist daher die Untersuchung des dynamischen Verhaltens des geschlossenen Regelkreises bei beiden — als einfache Beispiele gewählten — Reglern völlig gleich, wenn das Zeitverhalten der Regelstrecke durch die gleiche Differentialgleichung angegeben werden kann. Genügt dazu bei hinreichend kleinem Ausgleichgrad $\bar{q}$ die Anlaufzeit T_a, so handelt es sich — wie bereits erwähnt — um eine I-Strecke erster Ordnung, für deren Zeitverhalten die Differentialgleichung $T_a \cdot \dot{\bar{x}}(t) = \bar{y}_s(t)$ bzw. der Frequenzgang

$$F_S = \bar{x}(s)/\bar{y}(s) = \frac{1}{T_a\, i\, \omega}$$

gilt.

Die Stabilität des geschlossenen Regelkreises läßt sich prüfen, ohne daß auf ihn äußere Einflüsse wirken, d. h. $X_K = X_0$; $\bar{x}_w = \bar{x}$; $\bar{z} = 0$; $\bar{y}_S = -\bar{y}_R$. Obgleich man für den Drehzahlregelkreis nach Abb. 1 sofort aus den entwickelten einfachen Differentialgleichungen von Regler und Regelstrecke die Differentialgleichung des geschlossenen Regelkreises berechnen könnte, soll zunächst mit Hilfe der Frequenzganggleichungen von Regler und Regelstrecke allgemeingültig die Frequenzganggleichung des geschlossenen Regelkreises abgeleitet werden.

Aus $\bar{y}_R(s) = F_R \cdot \bar{x}_w(s)$ und $\bar{x}(s) = F_S \cdot \bar{y}_S(s)$ erhält man für $\bar{x}_w = \bar{x}$ und $\bar{y}_S = -\bar{y}_R$

$$\bar{y}_R(s) = F_R \cdot F_S \cdot \bar{y}_S(s) = -F_R \cdot F_S \cdot \bar{y}_R(s), \qquad \bar{y}_R(s)\,(1 + F_R \cdot F_S) = 0$$

bzw.

$$-F_R \cdot \bar{x}(s) = \frac{\bar{x}(s)}{F_S}, \qquad \bar{x}(s)\,(1 + F_R \cdot F_S) = 0\,.$$

Das zeitliche Verhalten des Stellzeuges des Reglers $\bar{y}_R$ und der Regelgröße $\bar{x}$ wird durch gleiche Frequenzgänge bzw. Differentialgleichungen angegeben. Verwendet man die für den Drehzahlregelkreis nach Abb. 1 ermittelten Frequenzgänge für

$$F_R = \frac{1/\bar{x}_P}{1 + T_{y1}(i\,\omega) + T_{y1} \cdot T_{y2}(i\,\omega)^2} \quad \text{und} \quad F_S = \frac{1}{T_a(i\,\omega)}\,,$$

so wird die für die Stabilitätsprüfung maßgebende Frequenzganggleichung

$$\bar{y}_R(s)\left[1 + \frac{1}{\bar{x}_P\,[T_a\,(i\,\omega) + T_a \cdot T_{y1}\,(i\,\omega)^2 + T_a \cdot T_{y1} \cdot T_{y2}\,(i\,\omega)^3]}\right] = 0\,,$$

$$\bar{y}_R(s)\,[1 + \bar{x}_P \cdot T_a(i\,\omega) + \bar{x}_P \cdot T_a \cdot T_{y1}(i\,\omega)^2 + \bar{x}_P \cdot T_a \cdot T_{y1} \cdot T_{y2}(i\,\omega)^3] = 0\,.$$

Das von Regler und Regelstrecke abhängige Produkt $\bar{x}_P \cdot T_a$ wird im Schrifttum häufig als „Durchgangszeit T_0" bezeichnet. Die entsprechende homogene lineare Differentialgleichung 3. Ordnung für den zeitlichen Verlauf der Ausgangsgröße $\bar{y}_R$ des Reglers lautet

$$\bar{y}_R(t) + T_0 \cdot \dot{\bar{y}}_R(t) + T_0 \cdot T_{y1}\,\ddot{\bar{y}}_R(t) + T_0 \cdot T_{y1} \cdot T_{y2}\,\dddot{\bar{y}}_R(t) = 0\,.$$

Für den zeitlichen Verlauf der Regelgröße $\bar{x}$ gilt entsprechend

$$\bar{x}(t) + T_0 \cdot \dot{\bar{x}}(t) + T_0 \cdot T_{y1}\,\ddot{\bar{x}}(t) + T_0 \cdot T_{y1} \cdot T_{y2}\,\dddot{\bar{x}}(t) = 0\,.$$

Der geschlossene Regelkreis ist *nicht* bei beliebigen Zahlenwerten der Zeitkonstanten T_0, T_{y1} und T_{y2} stabil. Um allgemein gültige Stabilitätsuntersuchungen durchführen zu können, muß — ähnlich wie bei den Ortskurven in Abb. 8 bzw. 9 — irgend eine auf Beiwerte des Systems bezogene dimensionslose Zeit τ eingeführt werden, wobei die Ableitungen nach dieser Zeit durch Striche gekennzeichnet werden, z. B. $\frac{d\bar{x}(\tau)}{d\tau} = \bar{x}'(\tau)$. Um das bereits erwähnte WISCHNEGRADSKI-Diagramm benutzen zu können, muß im vorliegenden Falle $\tau = t/(T_0\, T_{y1}\, T_{y2})^{1/3}$ gesetzt werden, damit der Beiwert vor der dritten Ableitung in der homogenen linearen Differentialgleichung des geschlossenen Regelkreises eins wird. Dann gilt

$$\bar{x}(\tau) + \frac{T_0}{(T_0 \cdot T_{y1} \cdot T_{y2})^{1/3}} \cdot \bar{x}'(\tau) + \frac{T_0 \cdot T_{y1}}{(T_0 \cdot T_{y1} \cdot T_{y2})^{2/3}} \bar{x}''(\tau) + \bar{x}'''(\tau) = 0 .$$

Die Beiwerte $b_1 = T_0/(T_0 \cdot T_{y1} \cdot T_{y2})^{1/3}$ und $b_2 = T_0 \cdot T_{y1}/(T_0 \cdot T_{y1} \cdot T_{y2})^{2/3}$ sind dimensionslos und werden als Koordinaten im WISCHNEGRADSKI-Diagramm (Abb. 16) verwendet. Abgesehen von dem Aperiodizitätsgebiet, in dem die charakteristische algebraische Gleichung nur negativ reelle Wurzeln hat und das für Stabilitätsuntersuchungen ohne Interesse ist, wird im gesamten Bereich die Lösung der Differentialgleichung

$$\bar{x}(\tau) = C_1 \cdot e^{-\tau/\bar{\varkappa}} + e^{-\bar{\delta}\tau} (C_2 \cos \bar{\omega}\, \tau + C_3 \sin \bar{\omega}\, \tau) ,$$

wobei die dimensionslose Abklingkonstante $1/\bar{\varkappa}$ der e-Funktion, die dimensionslose Abklingkonstante $\bar{\delta}$ der Schwingung und die dimensionslose Frequenz $\bar{\omega}$ aus Abb. 16, das im DIN-Format $A\,0$ vorliegt, entnommen werden können, so daß nur die von den Anfangsbedingungen abhängigen Konstanten C_1, C_2 und C_3 noch von Fall zu Fall zu bestimmen sind. Ein günstiges dynamisches Verhalten wird erreicht für $b_1 = 1{,}8$—$3{,}0$ und $b_2 = 2$—3. Für 4 Wertepaare b_1, b_2, die in Abb. 16 durch Nullkreise hervorgehoben sind, wurden in Abb. 17 nach der grafischen Methode von MARTIN die Übergangsfunktionen für $\bar{x}/\bar{x}_P$ und $\bar{y}_R$ aufgezeichnet für den Fall, daß von der Zeit null ab die vorher im Beharrungszustand bei Vollast arbeitende Kraftmaschine plötzlich vollständig entlastet wird (entnommenes Drehmoment null; $\bar{z} = -1$). Als dimensionslose Zeit τ beim grafischen Verfahren ist $\tau = t/T_0$ zweckmäßig. Die Genauigkeit des Verfahrens erkennt man durch die in Abb. 17 eingezeichneten Nullkreise, die aus der Lösung der Differentialgleichung der Sprungfunktion berechnet sind. Die Konstanten dieser Differentialgleichung sind durch die Anfangsbedingungen zur Zeit $t = 0$, $\bar{x} = 0$; $\bar{y}_R = 0$; $\dot{\bar{x}}/\bar{x}_P = 1/T_0$; $\dot{\bar{y}}_R = 0$ und $\ddot{\bar{x}}/\bar{x}_p = 0$ festgelegt. Der konstante Wert für b_1 liegt im günstigen Bereich, so daß das Stellzeug stets bereits bei der ersten Schwingung die neue Beharrungslage erreicht und überschreitet. Die beiden ersten b_2-Werte (0,76 bzw. 1,04) sind aber der Stabilitätsgrenze zu nahe, so daß die auftretenden Schwingungen nur sehr schlecht abklingen. Das Stellzeug des Reglers kommt in seiner neuen Beharrungslage $\bar{y}_R = 1$ erst nach zu langer Zeit zur Ruhe. Die während des Regelvorganges auftretende Überschwingweite $\bar{x}_m$ ist jedoch bei der geringen Dämpfung verhältnismäßig gering, so daß dadurch die Kraftmaschine nicht gefährdet ist. Bei $b_2 = 2{,}17$ (günstiger Bereich) ist zwar die Zeit bis zum ersten Erreichen der neuen Beharrungslage des Stellzeuges etwas größer als in den ersten 2 Fällen und dadurch ergibt sich eine etwas größere Überschwingweite, dafür sind aber die Schwingungen viel besser gedämpft. Im vierten Beispiel ist $b_2 = 4{,}55$ unzweckmäßig groß und dadurch werden die Zeit bis zum ersten Erreichen der neuen Beharrungslage des Stellzeuges und die Überschwingweite unzulässig groß. In allen 4 Fällen spricht man jedoch von „Überregelung", weil das Stellzeug bereits bei der ersten Halbschwingung die neue Beharrungslage ($\bar{y}_R = 1$) überschreitet. Dabei gilt für den P-Bereich des Reglers $1{,}0 < \bar{x}_P/\bar{x}_{P-\min} < 2$.

Der Einfluß verschiedener b_1-Werte auf den Verlauf der Sprungfunktion bei Entlastung von Vollast auf Leerlauf für einen Regelkreis 3. Ordnung bei einem konstanten günstigen

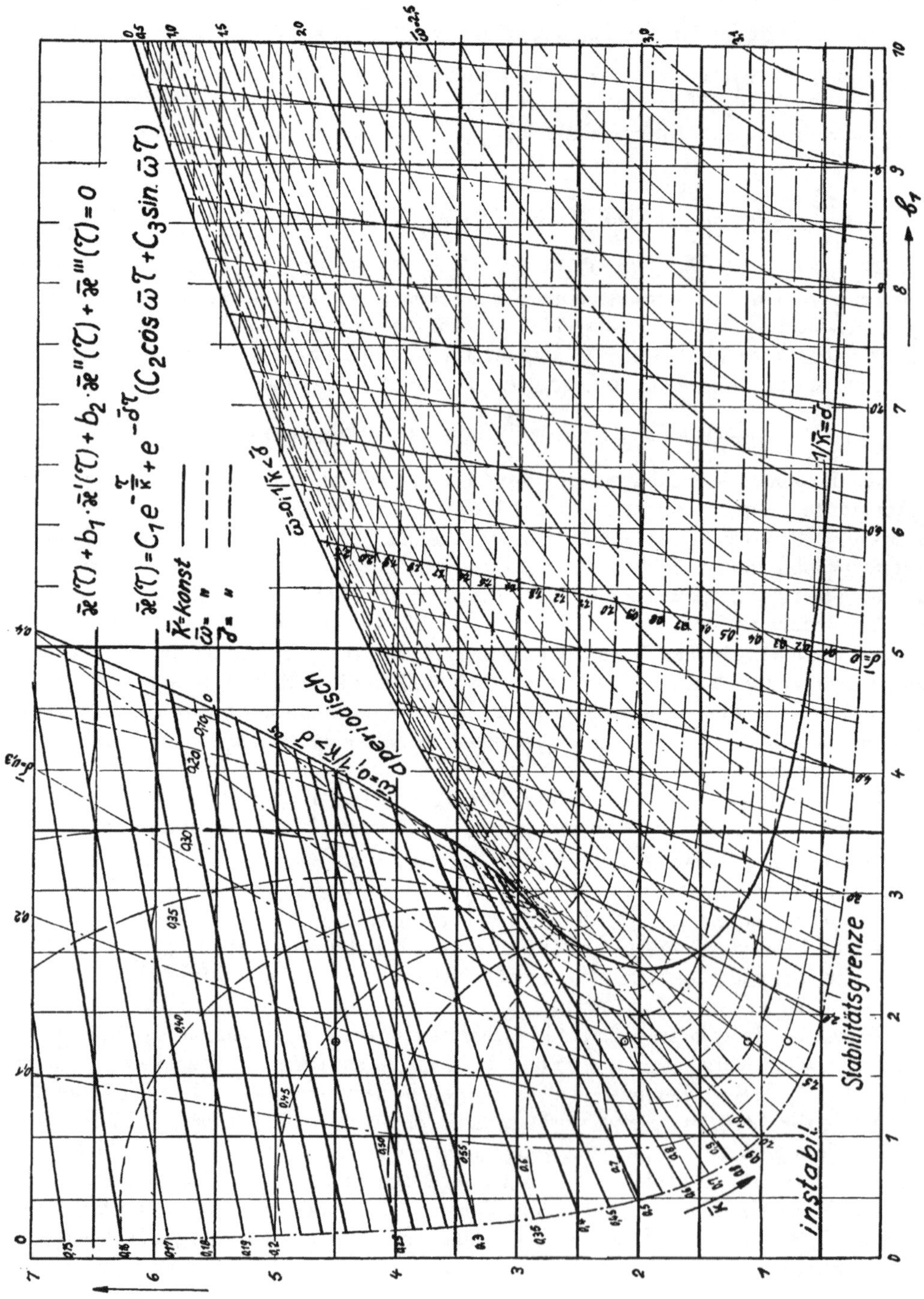

Abb. 16. WISCHNEGRADSKI-Diagramm

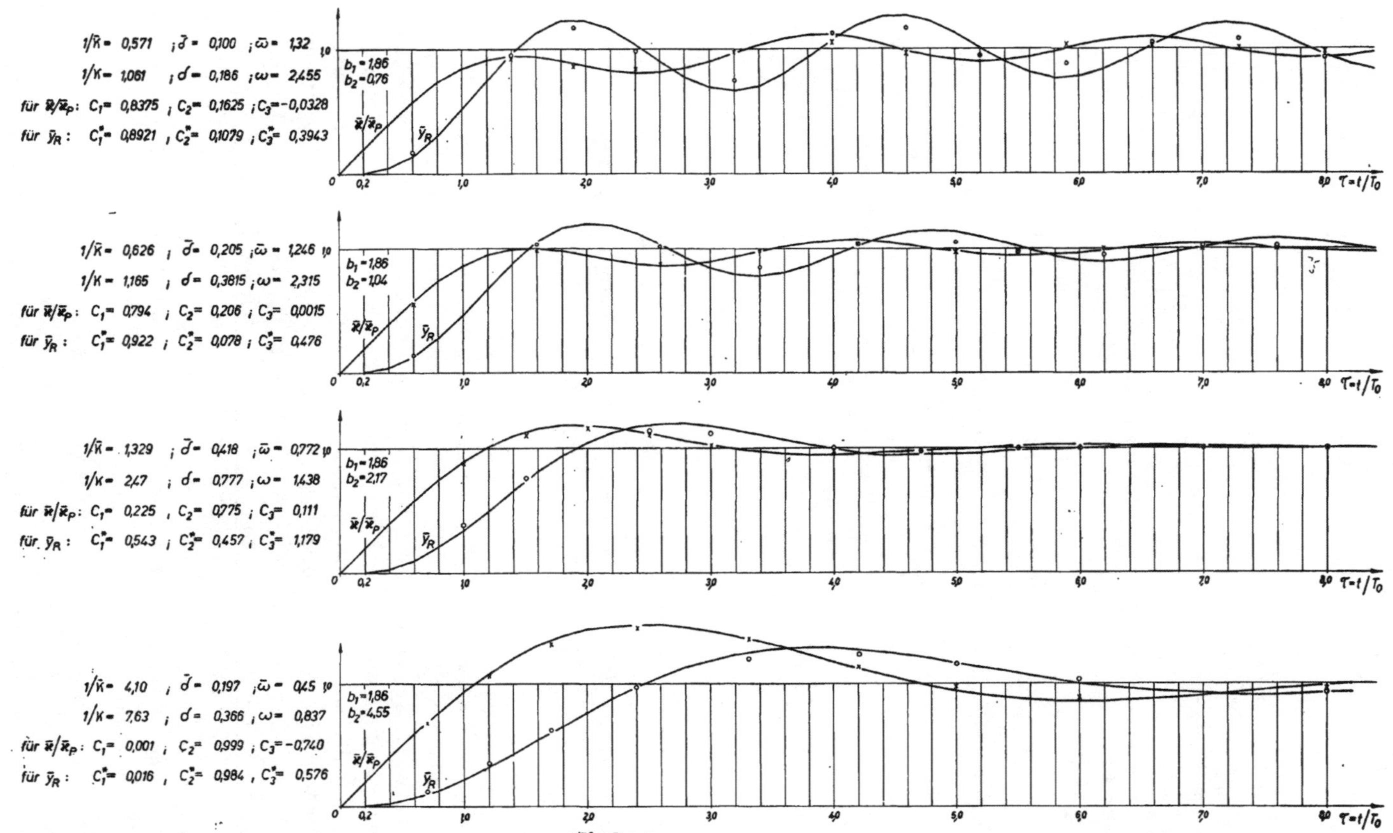

$$\frac{\bar{x}}{\bar{x}_P} = 1 - C_1 e^{-\tau/K} - e^{-\delta\tau}(C_2 \cos \omega\tau + C_3 \sin \omega\tau) \; ; \; C_1 = 1 - C_2 \; ; \; C_2 = \frac{1/\bar{K}^2 - 2\bar{\delta}\,\bar{\omega}\cdot C_3}{1/\bar{K}^2 + \bar{\omega}^2 - \bar{\delta}^2}$$

$$\bar{y}_R = 1 - C_1^* e^{-\tau/K} - e^{-\delta\tau}(C_2^* \cos \omega\tau + C_3^* \sin \omega\tau) \; ; \; C_1^* = 1 - C_2^* \; ; \; C_2^* = \frac{1/\bar{K}^2 - 2\bar{\delta}\cdot\bar{\omega}\cdot C_3}{1/\bar{K}^2 + \bar{\omega}^2 - \bar{\delta}^2}$$

$$1/K = b_1/\bar{K} \; ; \; \delta = \bar{\delta}\cdot b_1 \; ; \; \omega = \bar{\omega}\cdot b_1$$

$$C_3 = \frac{\frac{\bar{\delta}}{\bar{K}^2} + \frac{1}{\bar{K}}(\bar{\omega}^2 - \bar{\delta}^2) - \frac{1}{b_1}\left(\frac{1}{\bar{K}^2} + \bar{\omega}^2 - \bar{\delta}^2\right)}{\bar{\omega}\left(\frac{1}{\bar{K}^2} + \bar{\omega}^2 - \bar{\delta}^2\right) - 2\bar{\delta}\cdot\bar{\omega}\left(\frac{1}{\bar{K}} - \bar{\delta}\right)} \qquad C_3^* = \frac{\frac{\bar{\delta}}{\bar{K}^2} + \frac{1}{\bar{K}}(\bar{\omega}^2 - \bar{\delta}^2)}{\bar{\omega}\left(\frac{1}{\bar{K}^2} + \bar{\omega}^2 - \bar{\delta}^2\right) - 2\bar{\delta}\cdot\bar{\omega}\left(\frac{1}{\bar{K}} - \bar{\delta}\right)}$$

Abb. 17. 4 Sprungfunktionen des geschlossenen Regelkreises 3. Ordnung bei Entlastung von Vollast auf Leerlauf mit $b_1 = 1{,}86$

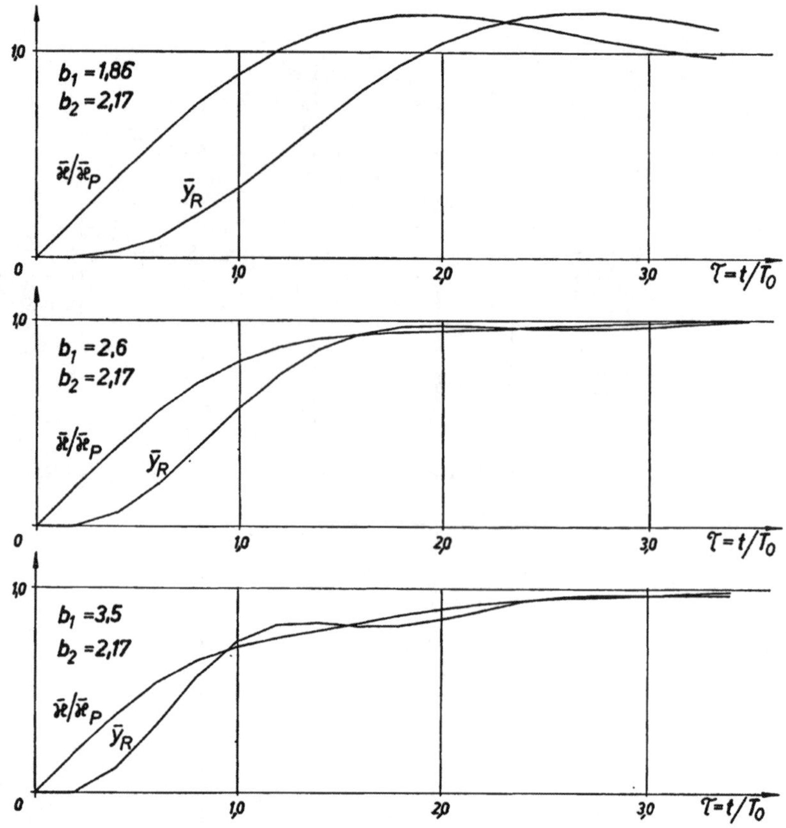

Abb. 18. 3 Sprungfunktionen des geschlossenen Regelkreises 3. Ordnung bei Entlastung von Vollast auf Leerlauf mit $b_2 = 2,17$

b_2-Wert von 2,17 ist auf Abb. 18 zu erkennen, die ebenfalls nach der grafischen Methode aufgezeichnet wurde. Während bei $b_1 = 1,86$ bei der ersten Halbschwingung des Stellzeuges die neue Beharrungslage etwas überschritten wird, wird sie bereits bei $b_1 = 2,6$ nicht mehr ganz erreicht ($\bar{y}_R = 0,99$ bei $\tau = 2$), die Amplituden der auftretenden Schwingungen sind aber sehr klein und während des gesamten Regelungsvorganges wird die Leerlaufdrehzahl für den Beharrungszustand nicht überschritten. Bei wesentlich größeren b_1-Werten verschlechtert sich der Regelungsvorgang. Wenn dabei auch die Amplituden der Schwingungen klein bleiben und die Leerlaufdrehzahl nicht überschritten wird, so erreicht das Stellzeug bei der ersten Halbschwingung z. B. bei $b_1 = 3,5$ nur $\bar{y}_R \approx 0,91$ und erst bei $\tau \approx 3$ wird $\bar{y}_R = 0,99$ eingestellt. Man nennt dieses Verhalten ,,Unterregelung“. Es ergibt sich bei P-Bereichen $\bar{x}_P$ des Reglers, die größer als $2 \cdot \bar{x}_{P-\min}$ sind. Für $2 \cdot \bar{x}_{P-\min}$ als Optimalfall wird bei der ersten Halbschwingung das Stellzeug auf die neue Beharrungslage eingestellt und bleibt in ihr stehen.

Nach dem grafischen Verfahren läßt sich die COULOMBsche Reibung auch in den Fällen berücksichtigen, für die das Ortskurvenverfahren (vgl. Abb. 9) *nicht* mehr anwendbar ist. Der tatsächliche Verlauf des Ansprechwertes r nach einer Rechteckfunktion wird dabei beibehalten. Bei hinreichend großem Ansprechwert ($r \geqq 0,2$) bleibt der geschlossene Regelkreis 3. Ordnung stabil, auch wenn er aus einer I-Strecke 1. Ordnung und einem P-Regler-

2. Ordnung an der Stabilitätsgrenze mit dem Frequenzgang $F_R = 1/[\bar{x}_P + T_R^2 (i\,\omega)^2]$ besteht und daher $b_2 = 0$ wird. Nach den Stabilitätskriterien bzw. dem Wischnegradski-Diagramm müßte dann zwar Instabilität auftreten, jedoch gelten diese eben nur für $r = 0$. In Abb. 19 sind 3 Sprungfunktionen des Regelkreises 3. Ordnung bei Entlastung von Vollast auf Leerlauf mit $b_2 = 0$ und $r = 0{,}2$ dargestellt. Infolge der Coulombschen Reibung muß sich innerhalb der ersten Totzeit τ_{t1} zunächst $\bar{x}/\bar{x}_P$ stets auf den Ansprechwert von $r = 0{,}2$ erhöhen. Ehe sich das Stellzeug des Reglers in Bewegung setzt, wird zusätzlich beim grafischen Verfahren nach Martin noch ein hinreichend kleiner Zeitschritt $\Delta\tau$ gewählt. Für $b_1 = 6{,}6$ bewegt sich das Stellzeug zunächst nur bis $\bar{y}_{R1} = 0{,}316$ und bleibt infolge der Reibung während der 2. Totzeit τ_{t2} in dieser Lage, bis der $\bar{x}/\bar{x}_P$-Wert stark genug angestiegen ist, um die zweite Stellbewegung in gleicher Richtung einzuleiten. Für diese wird $\bar{y}_{R2} = \bar{y}_{R1} + \bar{y}_{R1}(1 - \bar{y}_{R1}) = 0{,}532$. Nach der 3. Totzeit τ_{t3} bewegt sich das Stellzeug bis $\bar{y}_{R3} = \bar{y}_{R2} + \bar{y}_{R1}(1 - \bar{y}_{R2}) = 0{,}680$ und auf diese Weise wird langsam die neue Beharrungslage des Stellzeuges ($\bar{y}_{R1} = 1$) erreicht, wobei $\bar{x}/\bar{x}_P$ bis auf $\bar{x}_m/\bar{x}_P = (1 + r)$

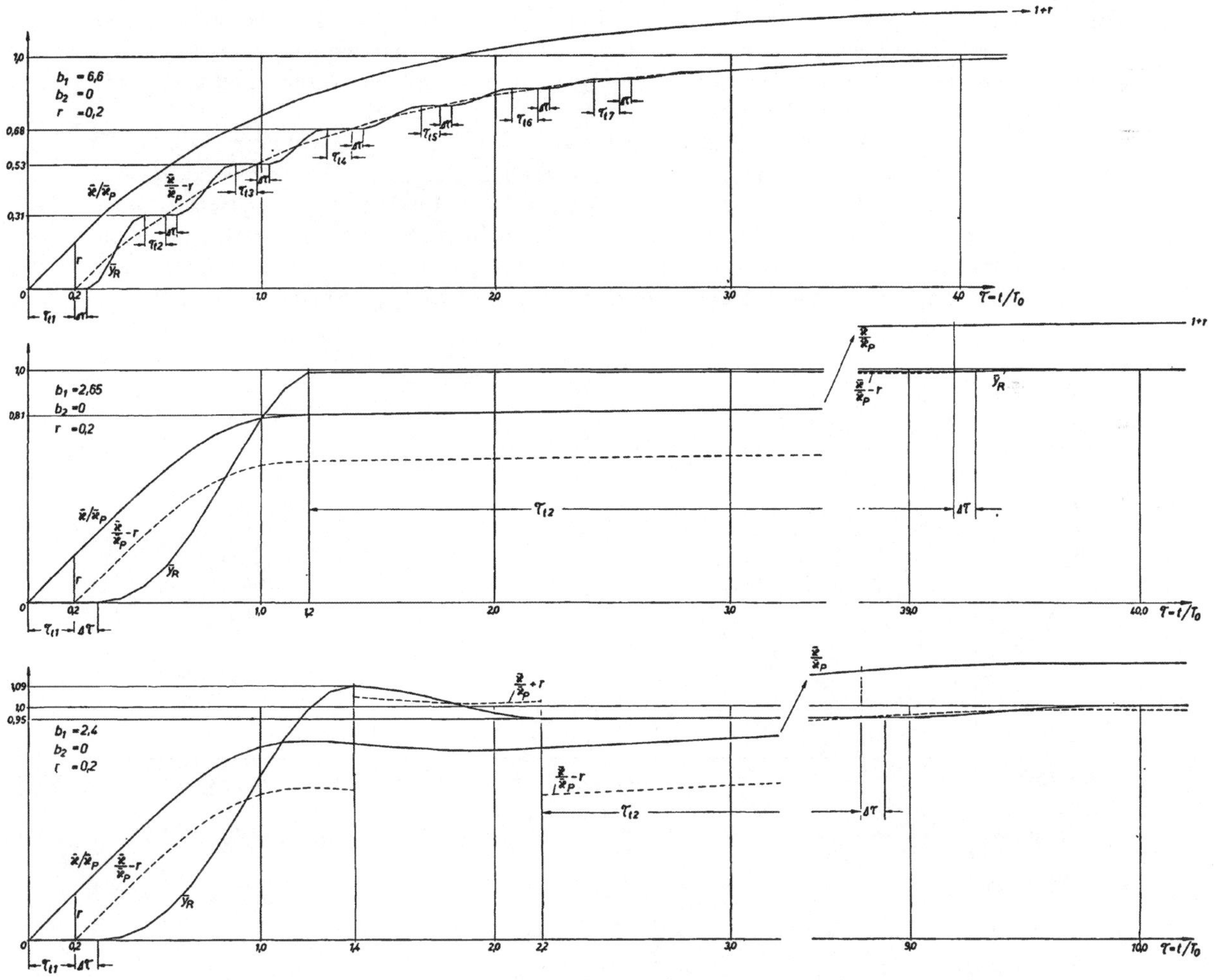

Abb. 19. 3 Sprungfunktionen des geschlossenen Regelkreises 3. Ordnung bei Entlastung von Vollast auf Leerlauf mit $b_2 = 0$ und $r = 0{,}2$

ansteigt. Für $b_1 = 2{,}65$ wird nach Ablauf der ersten Totzeit durch die erste Stellbewegung bereits $\bar{y}_{R1} = 0{,}99$ und $\bar{x}/\bar{x}_P \approx 0{,}81$ bei $\tau = 1{,}2$ erreicht, wobei trotz der zu kleinen Fliehkraft infolge der Reibungskraft zunächst keine weitere Stellbewegung erfolgen kann und unter den erwähnten Voraussetzungen das Optimum des Regelungsvorganges nahezu erreicht ist, bei dem sofort bei der ersten Stellbewegung $\bar{y}_{R1} = 1{,}0$ eingestellt wird und $\bar{x}/\bar{x}_P$ im Bereich $(1 \pm r)$ liegen muß. Für $\bar{y}_{R1} = 0{,}99$ erhöht sich die Drehzahl sehr langsam und erst nach der Totzeit $\tau_{t2} = 38$ ist $\bar{x}/\bar{x}_P$ auf $(\bar{y}_{R1} + r)$ angestiegen. Dann wird durch die zweite Stellbewegung die neue Beharrungslage des Stellzeuges $\bar{y}_{R2} = 1{,}0$ eingestellt. Für $b_1 = 2{,}4$ wird bereits durch die erste Stellbewegung $\bar{y}_{R1} = 1{,}09$ bei $\tau = 1{,}4$ eingestellt (Überregelung). Da jedoch $\bar{x}/\bar{x}_P$ in diesem Zeitpunkt noch so klein ist, daß der Unterschied zwischen Rückstellkraft und Fliehkraft größer als die Reibungskraft ist, wird sofort die zweite Stellbewegung in entgegengesetzter Richtung eingeleitet, bei der $\bar{y}_{R2} = 0{,}95$ bei $\tau = 2{,}2$ erreicht wird. Ehe jetzt der Fliehkraftüberschuß groß genug geworden ist, um die Reibung zu überwinden und das Stellzeug zu bewegen, wird die Totzeit $\tau_{t2} = 6{,}6$ benötigt. Erst bei der dritten Stellbewegung wird die richtige Beharrungslage $\bar{y}_R = 1{,}0$ bei $\bar{x}_m/\bar{x}_P = 1{,}18$ eingestellt. Die Überschwingweite $\bar{x}_m$ ist beinahe ebenso groß wie bei Unterregelung. Abgesehen von dem Optimalfall, der sich praktisch nur selten verwirklichen läßt, erfordert der Regelungsvorgang in allen Fällen beträchtlich mehr Zeit und die Überschwingweite wird durch den Ansprechwert r bedingt.

Das dynamische Verhalten geschlossener Regelkreise höherer Ordnung läßt sich, sofern keine Analogrechner zur Verfügung stehen, mit Hilfe der Ortskurven anschaulich ermitteln. Geht man von der Ortskurve des Reglers $F_R = \bar{y}_R(s)/\bar{x}(s)$ aus, so wird seine Eingangsgröße $\bar{x}(s)$ durch den Einheitsvektor auf der positiv reellen Achse dargestellt und seine Ausgangsgröße $\bar{y}_R(s)$ ist zugleich die Ausgangsgröße des am Ausgang des Reglers aufgeschnittenen ,,offenen Regelkreises'', dessen Eingangsgröße im

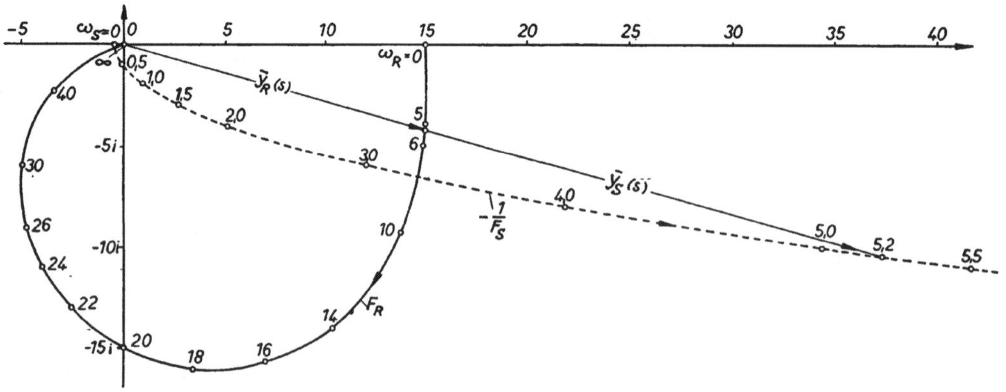

Frequenzgang des Reglers

$$F_R = \frac{1/\bar{x}_P}{1 + T_{1R}(i\omega) + T_{2R}^2 (i\omega)^2}$$

$\bar{x}_P = 0{,}0667$

$T_{1R} = 0{,}05$ [s]

$T_{2R} = 0{,}05$ [s]

negativ inverser Frequenzgang der Regelstrecke

$$-\frac{1}{F_S} = -\left[q + T_a(i\omega) + T_c\, T_a(i\omega)^2\right]$$

$q = 0{,}5$

$T_c = 0{,}7$ [s]

$T_a = 2$ [s]

Abb. 20. Stabilitätsprüfung des geschlossenen Regelkreises mit der Ortskurve des Reglers und der negativ inversen Ortskurve der Regelstrecke

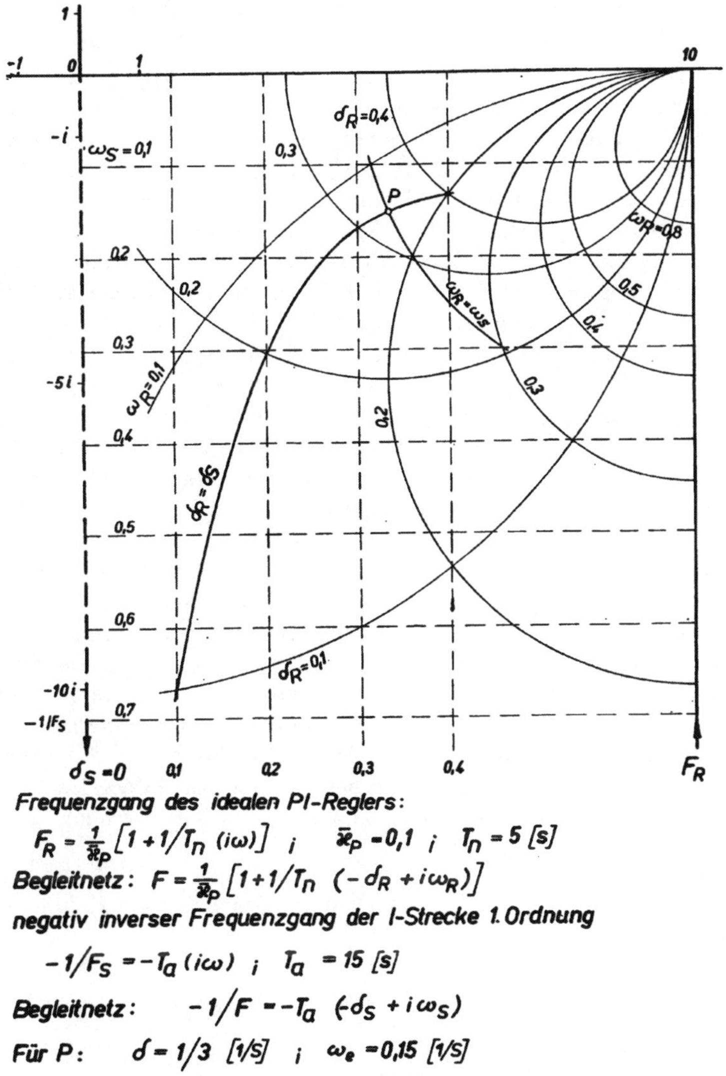

Abb. 21. Ortskurve des Reglers und negativ inverse Ortskurve der Regelstrecke mit ihren Begleitnetzen

Beharrungszustand die Eingangsgröße der Regelstrecke $[-\bar{y}_S(s)]$ ist. Ihre Ausgangsgröße $\bar{x}(s)$ ist aber bereits in der Ortskurvenebene durch den Einheitsvektor auf der positiv reellen Achse dargestellt. Es muß mithin in dieser Ebene für die Regelstrecke noch das Verhältnis der Eingangs- zur Ausgangsgröße $-\bar{y}_S(s)/\bar{x}(s) = -1/F_S$, d. h. der negativ inverse Frequenzgang, angegeben werden. Man spricht von der negativ inversen Ortskurve der Strecke, die in Abb. 20 für eine P-Strecke zweiter Ordnung gestrichelt zusammen mit der ausgezogenen Ortskurve eines P-Reglers zweiter Ordnung aufgezeichnet wurde. Zur Prüfung der Stabilität des geschlossenen Regelkreises ist *der* Fahrstrahl eingezeichnet, der gleiche Frequenz ω auf beiden Ortskurven anschneidet. Da im dargestellten Beispiel für diese Frequenz die Amplitude $\bar{y}_{S0}$ als Eingangsgröße des offenen Regelkreises größer ist als die Amplitude $\bar{y}_{R0}$ als Ausgangsgröße des offenen Kreises, klingen die Schwingungen im geschlossenen Regelkreis ab, d. h. er verhält sich stabil. Wenn sich die beiden Ortskurven schneiden, ist bei allen P-Reglern bei Stabilität in jedem Schnittpunkt $\omega_R > \omega_S$.

Um die Abklingbedingungen der Schwingungen zu untersuchen, müssen unter Benutzung der konformen Abbildung Begleitnetze für beide Ortskurven gezeichnet werden, die man dadurch erhält, daß in den Frequenzganggleichungen statt $(i\,\omega)$ stets $(-\delta + i\,\omega)$ eingesetzt und für die Abklingzeitkonstante δ jeweils bestimmte Werte gewählt werden. In Abb. 21 ist dies für ein besonders einfaches Beispiel mit einem idealen PI-Regler und einer I-Strecke 1. Ordnung durchgeführt. Man zeichnet dann die 2 Kurven, für die die Kreisfrequenzen ω_R und ω_S bzw. die Abklingzeitkonstanten δ_R und δ_S von Regler und Strecke gleich werden und erhält durch ihren Schnittpunkt P den für die Schwingung des geschlossenen Regelkreises maßgebenden ω bzw. δ Wert.

Abschließend möchte ich darauf hinweisen, daß — ebenso wie durch die Automatisierung — auch durch die Regelungstechnik die Intelligenz des Menschen keineswegs ersetzt wird. Keine technische Einrichtung kann mehr leisten als bei ihrem Bau vom Menschen beabsichtigt wurde. In der Praxis hat man zum Teil noch falsche Vorstellungen. Hierfür nur zwei Beispiele. Wenn ein LKW-Dieselmotor mit Drehzahlregler durch Überdrehzahlen Schaden erleidet, so ist „natürlich" das Versagen des Reglers schuld. Man übersieht, daß der Drehzahlregler nur die Kraftstoff-Zufuhr unterbinden kann, aber bei Bergabfahrt keinen Einfluß mehr auf die Motordrehzahl hat. Wenn beim Manövrieren eines Schiffes beim Kommandowechsel von „halbe Fahrt zurück" auf „volle Fahrt zurück" sich die Schraubendrehzahl kaum ändert, so arbeitet „natürlich" die Sollwertverstellung des Drehzahlreglers zu träge. Man übersieht, daß der Regler nicht mehr als die maximale Kraftstoffmenge einstellen kann, und wenn diese eben schon bei „halber Fahrt zurück" benötigt wird, kann sich die Schraubendrehzahl kaum bei „voller Fahrt zurück" ändern.

Meine Ausführungen sollten nur eine allgemeine Einführung in das Gebiet der Drehzahlregelung der Kraftmaschinen geben und zeigen, daß man in der Regelungstechnik — wie in vielen anderen Disziplinen — weder allein mit der Theorie noch der Empirie zum Ziele kommt.

Dieser Vortrag wurde auf der 3. Sitzung 1960 der Sektion für Maschinenbau am 13. 4. 1960 gehalten.

MAX WOLF

Heizkraftwerke auf Luft- und Gasturbinengrundlage

(Abhandlungen der Deutschen Akademie der Wissenschaften zu Berlin, Klasse für Mathematik, Physik und Technik, Jahrgang 1959, Heft 3)

1959. 64 Seiten — 47 Abbildungen — 11 Zahlentafeln — 4° — DM 8,60

Nach Klassifizierung der Heizkraftwerke entsprechend ihrer Stromkennziffer wird die Überlegenheit der Wärmeverteilung mit Warmwasser, insbesondere in Verbindung mit dem Luftturbinenprozeß gezeigt. Dieser gibt die Möglichkeit, mit nahezu konstanten Wirkungsgraden bei reiner Stromerzeugung (analog Kondensationsbetrieb) und bei starker Wärmeabgabe (analog Gegendruckbetrieb) zu fahren. Trotzdem bisher keine höheren Leistungen als 12,5 MW gebaut wurden, sind diese Turbinen denen von großen Kraftwerken auf Dampfgrundlage in den wirtschaftlichen Auswirkungen durchaus ebenbürtig und den kleineren Werken auf Dampfgrundlage überlegen. Sie sind die ideale Maschine für mittelgroße und kleinere Heizkraftwerke.

Gasturbinen-Heizkraftwerke, die in offenem Prozeß arbeiten, sind bisher kaum gebaut worden. In den Ländern, in denen diese Turbinen im Dauerbetrieb laufen, ist in der Regel kein Wärmebedürfnis vorhanden, oder es kann einfacher befriedigt werden. Man kann die Wärme sowohl mit den Kompressoren, den Wärmetauschern als auch Abhitzekesseln gewinnen. In Europa sind sie in Kombination mit anderen Stromerzeugungsanlagen besonders als Reserveanlagen geplant und gebaut worden.

Heizkraftwerke mit Freikolbengeneratoren sind in der Planung. Kombinationen von Heizkraftwerken aus Dampf-, Luft- und Gasturbinen sind verschiedentlich gebaut worden. Auch die Kombination mit nuklearen Quellen ist grundsätzlich möglich.

Zum Schluß wird die Wirtschaftlichkeit von Heizkraftwerken an Beispielen behandelt.

Bestellungen durch eine Buchhandlung erbeten

A K A D E M I E - V E R L A G · B E R L I N

FSC
www.fsc.org
MIX
Papier | Fördert gute Waldnutzung
FSC® C083411

Kolibri 360 GmbH
Ferdinand-Jühlke-Straße 7
99095 Erfurt, Deutschland
produktsicherheit@kolibri360.de